家畜生産学入門

編集者

平山琢二　石川県立大学生物資源環境学部

須田義人　宮城大学食産業学群・基盤教育群

執筆者（執筆順）

平山琢二　前掲

須田義人　前掲

佐藤勝祥　秋田県立大学生物資源科学部

浅野桂吾　石川県立大学生物資源環境学部

畑　直樹　滋賀県立大学環境科学部

中川敏法　滋賀県立大学環境科学部

山中麻帆　石川県立大学大学院生物資源環境学研究科

平山奈央子　滋賀県立大学環境科学部

馬場保徳　石川県立大学生物資源環境学部

まえがき

本書は、県立大学で初めて家畜生産学を学ぶ学生が、比較的容易に“畜産学”への理解を深められる内容とした。また、家畜生産学分野への進路を予定していない学生でも、家畜生産への興味を喚起できるように配慮した。本書にまとめられている内容としては、公務員試験などで頻出される項目を必要最小限に絞り盛り込んでいる。そのため、本書はいわば家畜生産学を学ぶにあたっての初歩ともいえるものにまとめられている。

また、本書には各章に「Work Sheet」を設けており、講義などで使用する際に、課題の提出などに活用されることを期待する。本書内の各章にこのような「Work Sheet」を設けることで、講義終了後も本書を読み返した際、講義内容を容易に思い出せるように配慮した。

本書では、各学問分野（各章）においてウシ、ブタ、ニワトリといった産業動物を中心に記載することで、より具体的に理解しやすいよう工夫した。また、世界的規模で求められるアニマルウェルフェアについて、本書では章を設けて取り上げた。このことから、本書を読むことで、畜産学の基礎的な事項は十分に理解し、知識を得られるものとなっている。なお、家畜生産を専攻する学生にとっては少々物足りない内容に感じるかもしれないが、畜産学を構成する様々な分野について分かりやすくまとめられている点で、将来、専攻したい分野を検討する際の一助となると期待している。

このようなこと踏まえて、畜産を専攻する学生のみならず、幅広く本書を活用してもらえればと考えている。

2020年1月

平山琢二

目　次

1
家畜生産

平山琢二

1. 家畜と畜産

人間の管理下のもとで生殖が行われている動物を家畜（Domestic animal）という。また、家畜にはウシ、ブタ、ニワトリなどの農用動物、イヌやネコなどの伴侶（愛玩）動物、ラットやマウスなどの実験動物などが含まれる。

畜産（Livestock production）とは、「家畜を飼養し、人々の生活に必要なものを生産し、その生産物を利用すること」をいう。生産物には、乳、肉、卵、脂肪、蜂蜜などの食糧資源、羊毛、皮革、骨、角、羽などの生活に必要な資源がある。また、血清やワクチンなどの医療用資材の生産、乗用、耕うん、荷物運搬などの役利用、堆肥、燃料、愛玩用などとしての利用も畜産の範疇に入る。

家畜の生産基盤に関連する諸現象を科学的に解明し、畜産業に貢献しようとする学問が畜産学（Animal husbandry）である。なお、近年では家畜以外に、展示動物や害獣などの野生動物も畜産学で扱う場合がある。

2. 家畜化

動物を人間の生活に利用するため、人間の管理下で生産や繁殖などをコントロールし、遺伝的改良などを行うことを家畜化（Domestication）もしくは単に畜化という。家畜化の対象となる動物は、その生産性、性質などが家畜化の素質として最重要である一方で、独居性を好み、凶暴で、食物が人間と競合するような動物は不適当である。一般的に家畜化に適する動物としては以下のような要件があげられる。

・餌や環境変化、疾病などへの高い適応力を有する
・人間の社会生活に適応する
・食性の幅が広く、人間の食料と競合しない
・性質が温順で群居性である

家畜化に伴って、人間にとって有益な形質などを選抜していくという人為的な選抜や淘汰が繰り返されていく過程で、野生種とは異なった形質が現れてくる。家畜化の過程で行う育種・選抜の目的が生産性の向上にあるため、イノシシから家畜化されたブタでは、野生のものに比べ一般的に成長速度が速くなり、体型では胴体の占める割合が大きくなる。また、産子数の増加などもみられる（図1、表1）。

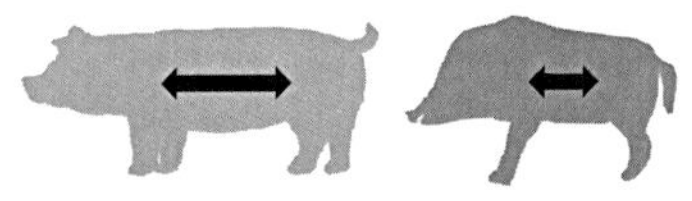

・胴体が長くなり、可食部が増える
・成長スピードが速くなる

図1　家畜化による体型や形質の変化

表1　家畜化による繁殖性の変化

	ブタ	イノシシ
出産回数：1年	2.5回	1回
産子数：1回	約10頭	約5頭
繁殖可能齢	9ヵ月齢～	2歳齢～

3. 畜産の意義

畜産物は、太陽エネルギーが変換された最終産物であり、その点で資源の循環や食物連鎖など、自然生態系と密接に関連しており、それらを持続的に活用できるよう機能させる必要がある。

1）畜産資源

畜産物は我々に貴重な栄養資源を提供する。乳、肉、卵のタンパク質は、消化性がよく必須アミノ酸の供給源としても貴重である。また、牛乳のカルシウムや豚肉に多く含まれるビタミン B_1 など、我々の健康維持に不可欠な栄養源を豊富に供給する。また毛、皮革、羽などは生活資材として広く利用される。家畜の生産過程で排せつされるふん尿は、燃料資源としての価値が高い。また、ラットやマウスなどの実験動物の生産などは、医薬品開発などにおいて重要である。さらに、レクリエーションとしての乗馬、我が国の伝統文化でもある闘鶏、アニマルセラピーや伴侶動物など保健休養機能の提供という点でも畜産は重要である。耕作の役用、広大な草地での放牧など景観保全や景観保護機能などの点においても畜産の果たす役割は大きい。

2）畜産と環境

畜産活動と環境は極めて密接に関係しており、炭素や窒素の物質循環に配慮した生産活動が求められる。日本の畜産は、飼料の原料となる穀物の自給率が約 25%と低く、多くを国外に依存している状況である。また、日本型畜産は、集約的に管理し、穀物を多給して飼育する大規模工場型であり、飼料由来のリンやタンパク質の形で多くの窒素を国内に持ち込んで蓄積している。したがって、必然的に土壌汚染や富栄養化などの環境リスクを抱え込むことになる。このようなことから、環境負荷の低減化技術の確立が急務となっている。特に飼料の穀物依存度の低減、窒素やメタンなどの環境負荷物質の排せつ抑制、さらに食品残渣などからのリサイクル飼料であるエコフィードの推進などがあげられる。

Work Sheet：家畜生産

検印

2
品種と育種・繁殖

須田義人

家畜の種類は、基本的に種により大別することができる。ウシ、ブタ、ウマ、ヒツジ、ヤギ、ニワトリなどの分類がそれにあたる。また、それぞれの種には多くの品種があり、それぞれの品種には多くの系統がある。品種や系統は、種以下の分類として取り上げられるもので、動物分類学に基づく分類ではなく、産業目的を持った分類である。人類は、生活に有用とみられる乳、肉、卵、毛、皮、役用などを目的とした多くの家畜の品種や系統を作出してきた。本章では、主としてウシ、ブタ、ニワトリを解説する。

1. ウシ

用途による分類としては、乳用種、肉用種、役用種、兼用種（乳肉、役肉、乳肉役）がある。

1）乳用種

①ホルスタイン種

日本国内の乳用種のほとんどを占めている。ゲルマン民族の移動でオランダに定着して成立した品種でオランダ原産だが、ドイツに起源を持ちホルスタイン地方にも古くから分布していた品種で、毛色は黒白斑または白黒斑であり、品種の成立過程でショートホーンとの交配の影響でまれに赤白斑が生まれる。泌乳能力の向上を目的としたアメリカ型は後軀が大きく、くさび型で大型の乳牛である。ヨーロッパ型は、産肉性についても遺伝的改良がなされ、小型だが強健な中軀の乳肉体型といえる乳牛である。体高は141㎝、体重は650kg程度である。他の品種に比べて乳量が多く、乳脂率が低い（平均 3.4%程度）のが特徴で、年間平均乳量が 8,000 kg程度で、10,000 kg以上生産できるものも珍しくない。中でも、スーパーカウと呼ばれる年間20,000 kg以上生産できるものも日本国内で報告されている。

写真１　搾乳準備中の成雌

②ジャージー種

イギリス領ジャージー島原産の乳用種である。毛色は濃淡の変異は大きいものの褐色であり、雌で450 kg程度と小型である。乳量は年間平均3,500 kg程度と少ないが、乳脂率が5%程度と高く、バター、生クリーム、アイスクリームなどの原料として適している。世界の主要な酪農国（デンマークやニュージーランドなど）に最重要品種として広く分布しており、日本においては岡山、熊本、北海道などで中心的に飼養されている。

③その他の種

ガーンジー種は、イギリス領ガーンジー島原産で毛色は白斑を交えた淡黄色または赤色の地色で、ジャージー種並みの大きさと乳量・乳質である。しかし、乳成分の脂肪球が大きく、バター原料に適した乳を生産する特徴がある。イギリス、アメリカ、カナダに多い。エアシャー種は、イギリススコットランドのエアシャー州原産で、毛色は赤白斑で前方に屈曲した角を持つ。雌の体重が550 kg程度とジャージー種よりもやや大きく、乳量は4,500 kg程度、乳脂率は4%程度である。粗飼料利用性に優れ、土地条件の悪い地域でも生産能力を維持でき、品種の成立過程で肉用品種の交配の影響で産肉性にも優れている。イギリス、アメリカ、カナダに加え、北欧に分布している。ショートホーン種（乳用）は、イギリスの北東部原産で、肉用のショートホーン種を泌乳量の高い方向に遺伝的改良がなされて成立した品種である。毛色は白色、暗赤色、赤白斑、かす毛などがある。有角と無角があり、体重は雌で600 kgとジャージー種よりも大きい。乳量は4,500 kg程度で乳脂率は3.6%程度、産肉能力が高い特徴を持つ。イギリス、アメリカ、オーストラリアに多く分布する。

2）肉用種

①日本4大和牛品種

a. 黒毛和種：日本で生産される和牛の 98%を占めるのがこの品種であり、全国いたるところで生産されている。小型で晩熟であった在来和牛（三島牛など）を遺伝的に改良して成立した品種である。毛色はやや褐色気味のある黒色。濃い黒ではない。成雌で体高129cm程度、体重が540kg程度である。成雄はそれぞれ145cm、960 kg程度である。経済価値の高い脂肪交雑（霜降り度）、肉の色沢、きめ細かさなどの肉質形質に特に優れており、合わせて増体速度も遺伝的に改良された。

写真2　黒毛和種の成雌

b. 日本短角種：岩手県が60%の生産割合で、ほか、青森県や秋田県など東北地方を中心に生産されてきたが、希少価値のある品種といえるくらいに生産頭数が少ない。旧南部藩の在来牛である南部牛を祖としてショートホーンと交雑して成立したとされている。大型で早熟、早肥であるが、枝肉歩留まりは黒毛和種と比べて劣っている。一方で、粗飼料利用性や感染症に対する抵抗性があり、保育能力が高いこともあって山地放牧に適している。肉質は赤肉が主で、脂肪交雑度が極めて低い。

c. 褐毛和種：熊本県や高知県などを中心に生産されており、全国で20,000頭程度と、生産される和牛のうち0.01%程度と希少な品種である。起源は、朝鮮半島の在来の韓牛という品種とされるが、デボン種やシンメンタール種との交雑ともいわれている。黒毛和種よりも大型で、毛色は黄褐色であり、日本短角種と同様に粗飼料利用性が優れているものの、肉質は劣る。

d. 無角和種：山口県萩市を中心に生産されており、黒毛のタイプの和牛にアバディーンアンガス種を交雑して成立したとされ、無角である。黒毛和種と同等の大きさで、粗飼料利用性が高く、特に低質飼料をよく利用できることが知られている。肉質は劣る。

②アバディーン・アンガス種

イギリスのスコットランド原産で、毛色は黒色と褐色がおり、無角である。欧米、オーストラリア、ニュージーランドやアルゼンチンなど世界中で飼養されている。黒毛和種に次いで脂肪交雑が入る品種で肉が柔らかい品種で知られている。大きさは黒毛和種と同程度であるが、毛色が黒色のタイプは濃い黒で、赤色のタイプも明るい色である。一部には白斑が入るタイプもいる。

③ヘレフォード種

イギリスのイングランドヘレフォード州原産で、有角と無角がいる。顔面や胸部、腹部が白色で、それ以外の体毛は赤褐色であることで知られている。大型で早熟、早肥で脂肪交雑も入りやすいが黒毛和種ほどではない。強健で寒さや不良環境に対する適応度がとても高く放牧に適している。南北アメリカ大陸を中心に世界中で飼養されている。

④その他の品種

a. ショートホーン種（肉用）：イギリス原産で、肉牛として古い品種であり、ヘレフォード種やアバディーンアンガス種と合わせて世界三大肉用品種としている。大型で肉質も程良く、世界の肉用品種の改良に用いられた。

b. シャロレイ種：フランスのシャロレイ地方原産で、毛色は白色に近いクリーム色である。脂肪沈着の少ない赤肉が主である品種として評価が高い。欧米や豪州で広く飼養されている。

3）兼用腫

a. 韓牛：朝鮮半島で飼養され、毛色は褐色で有角である。性質が温順で環境適応能力が高い。様々な外国品種とも交雑されてきた歴史的経緯もあり、遺伝的祖を明確にすることが難しい。

b. インドゼブー牛（改良品種にブラーマン種）：インド原産で、ゼブーともいう。体全体の皮膚にゆとりがあり、肩峰、胸垂や腹垂が大きく、耳が垂れている。環境への適応、特に熱帯特有の風土病や感染症に抵抗性を持つ。

2．ブタ

現在の市場では、純粋種が単独で食されることは少なく、3 品種以上を交雑して一代限りの雑種を作って食用の豚肉とする場合がほとんどである。雑種強勢という遺伝現象を利用し、それぞれの品種の良さあわせ持たせた系統豚を生産しているのである。

1）大ヨークシャー種（Large White; W）

イギリス原産で、毛色は白色、顔の特徴に“しゃくれ”の特徴はない。耳は大きく、やや前方に向かっている。大型種で成雌350 kg、雄370 kg程度である。発育が早く、飼料利用性も良く、産子能力や保育性も高い。体長が長く、赤肉と脂肪の割合が適度でベーコンの生産に適している。

2）ランドレース種（Landrace; L）

デンマーク原産で大ヨークシャー種と在来品種を交雑して成立した品種で白色大型品種である。胴が長く、肉はベーコンの加工に適している。後軀やももの発達が良く、早熟で増体量が高く、体重110 kgへの到達が6ヵ月未満と速い。飼料要求率、繁殖性、産子能力、離乳子数、赤肉割合や皮下脂肪厚など、どれをとっても適当な加工用水準である。

3）デュロック種（Duroc; D）

現在の品種は、アメリカのニューヨーク州のデュロック種とニュージャージー州のジャージーレッド種とを交雑して成立した品種で、以前はデュロックジャージー種と呼ばれていたが、現在はこれをデュロック種と呼んでいる。毛色は濃赤褐色で濃淡には変異がみられる。後軀も充実し発達も良い。体重は成雄で350 kg、成雌で300 kg程度である。赤肉量はやや劣るが、肉質としてはとても柔らかくうま味が強い。温順かつ強健で、飼料効率に優れていることから管理もしやすい。一方で、産子数は多くはない。

4）バークシャー種（Berkshire；B）

イギリス原産で毛色は黒色だが、頭部、四肢端、尾端は白い。この特徴に起因して「六白」と呼ぶ場合もある。成雌で 200 kg、成雄で 250 kg、温順な性格で管理しやすい。飼料利用性に優れ、強健である。肉質は柔らかく、赤身が多い。戦前は多頭数飼育されていたが、現在は鹿児島県での生産が 70％程度を占め、鹿児島黒豚として銘柄化されている。肉豚生産の全体で 5％程度である。

5）三元交雑豚（LWD 系統豚）

三元豚は、決して特別な品種もしくは豚肉ではない。日本国内で生産されている豚肉のほとんどが三元豚である。つまり、国内産を食べるのであれば、おおむね三元豚を食べていることになる。三元豚は、純粋種のＬとＷを交配して生まれてきた雌に、Ｄの雄を交配して交雑種なのである。これは、遺伝的背景の異なる純粋種らを交雑することで、それぞれの良い特質を子に持たせたいという考えに起因する。実は、遺伝的距離が離れていればいるほど、雑種強勢という現象が起こりやすくなり、子の平均的能力が、両親の平均よりも有意に優れるという現象が起こりやすくなる。それは、成長や強健性（抗病性など）、繁殖性などの量的形質に現れる。Ｌは、発育が早い、産子数が多い、胴が長い。Ｗも、発育が早く、産子数が多いことに加え、赤肉割合が高い。Ｄは、発育が早く、柔らかい赤身肉

写真3　三元交雑豚の成雌

に特徴がある。L、W、Dの３品種を組み合わせて生まれてきた三元豚は、親である３品種の良い点を受け継ぎ、雑種強勢による強健性や繁殖性もあわせ持つ。

6）その他の主な種

中ヨークシャー種はイギリス原産。戦前の日本国内における飼養頭数が 95％と主要品種であった。皮下脂肪が厚くなる傾向があり、イギリスで飼養されている程度である。ハンプシャー種は、アメリカにおいてイギリスのハンプシャーから輸入した素豚を遺伝的に改良して成立した種である。アメリカでは赤肉が最も多い品種として認識されており、日本においても交雑用に用いられる場合がある。管理しやすい性質であるが暑さに弱い。

３．ニワトリ

1）採卵鶏

①白色レグホーン種

イタリア原産の卵用種、アメリカとイギリスで遺伝的に改良された。様々な羽色や鶏冠が単冠やバラ冠のものがあるが、現在最も多く飼養されているのが単冠白色のものである。成雌で体重が 2 kg程度、成雄で 2.7 kg程度である。産卵開始初年度の産卵数が最大 280 個程度で、卵殻は白色、卵重が 63 kg程度である。就巣性は低い。孵化後 160 日程度で初産となる。日本国内のほとんどの卵用種はこの種である。市販の種は系統間多元交雑種といえる。

2）肉養鶏

①白色ロック種

黄斑プリマスロックの突然変異体である。単冠かつ白色で成雌 3.6

kg、成雄5.0 kg程度、産卵数が初年度で200個程度。卵殻は茶色。就巣性はとても低い。現在は主として肉用である。白色コーニッシュ種雄との雑種第一代（F_1）は発育の良いブロイラーと呼ばれる系統の雛となる。つまり、白色ロック種はブロイラー作出用の雌系統となっている。

②白色コーニッシュ種

アメリカで作出された肉用専用品種である。闘鶏専用種の胸肉の発達度に着目して遺伝的に改良された経緯がある。ブロイラー産業に強く貢献した品種である。3枚冠、優性の白色で、大型鶏である。成雌で4.0 kg、成雄で5.0 kgと10週齢までの成長速度が速く、胸肉の発達が顕著。一方で、産卵数は130個程度、卵重62 g、卵殻は赤色で、就巣性はあると確認できる。産肉性が高く、産卵数が低いので、白色ロックなどとの雌との交雑での利用が経営的に有利とされる。

3）主として卵肉兼用鶏

①ロードアイランドレッド

アメリカのロードアイランド州原産の兼用種。単冠、茶褐色の羽色、成雌で2.9 kg、成雄で3.9 kgである。産卵数は年間200個程度、卵重は60 g程度、卵殻は褐色という特徴を持つ。アメリカでは多産方向に遺伝的に改良されている。

②ニューハンプシャー種

ロードアイランドレッドを素にして、速羽性、早熟性という点で遺伝的に改良された兼用種。単冠、赤褐色である。成鶏の体重はロードアイランドレッドと同程度。白色コーニッシュの雄との交雑F_1は発育の早いブロイラー系統となる。白色ロックと同様にブロイラー作出用の雌となっていたが、日本ではほぼない。

4）日本の来在来種

日本で作出された品種として、名古屋種、三河種、土佐地鶏、岐阜地鶏、長尾鶏、東天紅、軍鶏、烏骨鶏、矮鶏がある。秋田県で古くから飼養されている比内鶏は、在来鶏と軍鶏との交雑で作出されたものと推察されているが、品種として分岐・成立していないという研究報告があり、品種としては扱わない。肉養鶏と交雑したF_1を比内地鶏として、その肉が市販されている。

4．経済形質の遺伝的な改良

1）品種改良の概要

家畜が持つ特質や能力（形質；乳牛の泌乳量、枝肉重量、産子数、ほか肉質形質など）について、人が求める都合に合わせて遺伝的に改良していくこと（家畜育種）で、人は生活をより豊かなものにした。遺伝的な背景の異なる品種同士を交雑して遺伝変異を大きくすることで様々な遺伝子型を持つ個体を誕生させ、それらが形成する集団や、または同品種同士の交雑集団の中からできるだけ都合の良い形質を持つ個体を選ぶことを選抜というが、それを何世代もの間、目的の特質に達するまで繰り返して集団を作出し、品種を遺伝的に改良している。今日では、育種価を基準に選抜・改良が進められている。

時代や需要の動向に影響されない目標となる形質の条件は、以下の通りである。

①繁殖率が良く、早熟で繁殖年限が長い

②発育が早く、飼料効率が良い

③性質が温順で、取り扱いやすい

④飼料、温湿度、光、その他環境諸条件の変化への適応性が高い

⑤強健で疾病に対して抵抗力を持っている

⑥各形質について斉一性である

⑦生産物の質が良い

2）形質の遺伝性を占める遺伝率について

家畜の形質は、飼料由来の栄養状態や気温、畜舎の状況など環境から影響を受けるものと、両親から受け継ぐ遺伝要因と、さらにはそれらの相互作用が合わさって決まると考えられている。しかし相互作用の影響の大きさは小さいと考えて、環境と遺伝の影響に分けて考える。

$$P = G + E + G \times E \quad ただし、$$

P; 表現型値、G; 遺伝子型値、E; 環境偏差、$G \times E$; 両者の相互作用が成り立てば、

$$\sigma_p^2 = \sigma_G^2 + \sigma_E^2 + \sigma_{G \times E}^2 \quad ただし、$$

σ_p^2;表型分散、σ_G^2；遺伝分散、$\sigma_{G \times E}^2$；相互作用の分散が成り立つ。

この時、遺伝分散の表現型の分散（表型分散）に対する割合で広義な意味での遺伝率（h^2）を示せる。遺伝率はその形質の遺伝のしやすさを示す値で、この値が大きく正確であればあるほど効率的に改良が進めることができる。この遺伝分散は、相加的遺伝子効果（${\sigma_A}^2$）、優性効果（${\sigma_D}^2$）、上位性効果（${\sigma_I}^2$）に分けることができる。この時の

$$h^2 = \frac{{\sigma_A}^2}{\sigma_P^2}$$

は狭義な意味の遺伝率といえ、小さな数多くの遺伝子の小さな効果の総和（相加的遺伝子効果）によって決定される量的形質の遺伝性を示すには適している。

特に、経済的に価値のある泌乳量や成長能力、肉質などの形質は量的形質というが、関与する遺伝子が非常に多いと推測され、それらを

順に特定するには多くの時間と労力が必要となり困難である。そこで、例えばある個体の個々の遺伝子座における一つの形質に着目し、それに影響を与える遺伝子一つ一つの効果の相加的な効果の総和を推定するとする。その値のことを育種価（ある形質の遺伝能力）というが、現実的には、ある個体のある形質の育種価は、その子どもの同形質における平均値と集団の平均値からの差の２倍、つまりは偏差の２倍としても定義される。両親の育種価の単純な平均値が子の育種価となり、とても扱いやすい。こういった育種価を正確に推定するためには、膨大な数の後代の記録と両親を含めた祖の情報を考慮に入れ、主にBLUP法（Best Linear Unbiased Prediction）を利用してコンピューターで計算されている。

3）品種改良の実際

家畜の経済性の高い形質について遺伝的な改良を行うとすると、家畜によって大きさ、飼養方法、経済性そして改良対象となる形質の性質などに相違があることから改良の流れや手法は異なるが、主として以下の通りである。ただし、生きている間に評価できる形質の場合とし、ある一つの形質について一定方向に改良したいとする。

①改良する集団を定め、改良対象の形質を評価測定し、基本統計量を求める。
②集団の平均値から各個体の形質の値を差し引き、偏差を求める。
③この集団のデータをもとに狭義な意味の遺伝率を求める。
④各個体の偏差に求めた遺伝率を乗じる。
⑤求めた値をその個体の育種価とし、次世代のための親を大または小方向に望ましい方から選抜する。ただし、この時、血縁関係が近すぎて近交係数が高くならないように留意する。

⑥集団の平均値が目標水準に達するまで世代をわたって繰り返す。

4）ゲノム情報の利用

現在では、ある形質に影響を与える遺伝子そのものが分からなくても、特定の遺伝子座のDNA配列の違い（SNP多型など）と様々な生産形質との間に有意な相関があれば、この情報を育種することに利用している。例えば、生産形質を支配している遺伝子座において、DNA配列の違いが特定できたとすると、受精卵の段階において遺伝的能力を推定できる。また後代検定（親の能力を知るために子の能力を評価し用いること）のための施設規模、飼養頭数、時間的踏力が大幅に軽減され、改良効率が高まると推察され、結果的に経済的効果も高まる。また、能力評価が不可能な幼若齢期でも評価が可能となり、繁殖性や

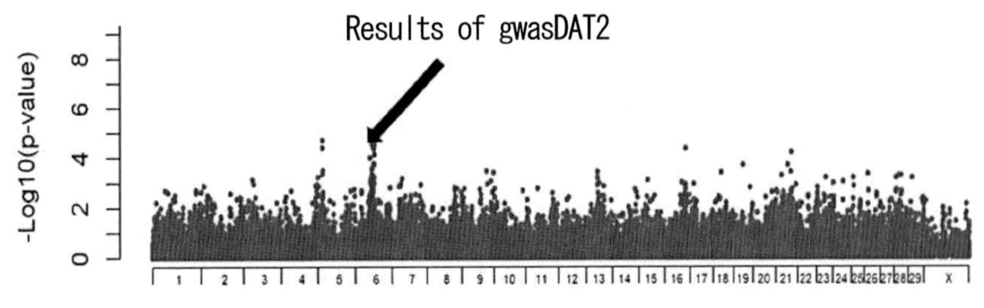

図1　SNP解析結果（マンハッタンプロット図）
注　特に←のX軸上のSNPマーカーが形質と有意な相関がある場合は、そのマーカー座位の近傍に候補遺伝子があると推定する。

産卵能力などの評価にゲノム情報は効果的に利用できる。さらには、ゲノム上の全一塩基多型である（SNPマーカー）を調査し、形質との相関関係のある座位を特定し、その全SNPマーカーの違いを、形質の平均値に影響を与える効果として用いて計算したゲノム育種価も考

案され、利用されている。

５．人工授精、胚移植、体外受精

1）人工授精

日本国内では、ウシのほとんどが人工授精（AI）で繁殖され、ブタでも行われている。雄と雌の交配ではなく、人が精液を注入して産子を得る技術のことである。技術的なフローは、①精液の採取と保存、②精液の雌牛への注入がある。①は、順に精液の採取、精液性状の検査、専用のストロー充填処理および凍結保存となる。一方、②はまずはAIの適期を見定めることが重要で、受胎率などの経済性に関わる。順に、雌の発情発見、受精適期の判定、精液の注入である。

人工授精の最大の利点として、遺伝的に優秀な種雄の利用効率を高めて家畜の遺伝的改良を促進できることがあげられる。種付け目的だけで、特定の大型の種雄を飼養、運搬、種付け作業することは、コストや労力、時間などが増大する。しかし、AIの導入でそれを大きく抑えることができる。また、世代ごとに多様な家系の種雄の精液を試すことができるので、効率的で目的に合った遺伝的な改良が容易になることがあげられる。また、AIの工程で、精液性状検査や授精適期の判定を通じて、家畜の管理に注力することで、様々な異常の早期発見につながり、経済性を考慮した対応ができるようになる。

2）胚移植

肺移植（ET）は、供胚動物（ドナー）から回収した着床前の胚を他の受胚動物（レシピエント）の子宮に移植して産子を得る技術である。つまり、ETは雌側からの改良であり、様々な技術を経ての複合技術といえる。ウシを例にとった場合、胚移植による受胎技術のフローは、順に、ドナーとレシピエントの発情周期の把握、ドナーへの過剰排卵誘起処理、レシピエントの発情同期化、ドナーとレシピエントの発情確認、ドナーへの AI、胚の回収と検査、胚の凍結保存、肺移植である。AI の技術で、低下傾向はあるものの 3 回目までの試行で 80%程度の受胎率を得ている。より高い受胎率と試行回数を減らすためには、胚の発生ステップの管理とレシピエントの発情周期の管理を徹底し、同期させることと、黄体期の無菌操作を注意深く行うこと、そして子宮内膜を損傷させないことが重要とされている。

3）体外受精

　未受精卵に受精能を獲得した精子を体外で培養（媒精）して受精させること（IVF）である。1982 年にウシで IVF 由来産子が生まれて以来、ブタやウマなどの家畜でも応用されている。

　ウシでは、と畜した卵巣から未成熟卵を直接採取するか、または生体から超音波エコー画像による経膣法で繰り返して採取し、成熟した卵子になるように培養する。さらにヘパリン処理などを行った卵子に受精能を獲得した精子を媒精して体外受精卵子を作出する。ウシの場合、新鮮な状態での移植の場合、体外受精の受胎率が 50%程度である。

Work Sheet：品種と育種・繁殖

検印

3
生産倫理とアニマルウェルフェア

平山琢二

1. 家畜生産の倫理

動物における生命倫理は主に、野生動物の保護に関する側面、と殺の倫理に関する側面、および動物福祉に関する側面の3つがある。家畜生産では、効率的で安全な食料原料や、実験に対する標準的な反応を示す実験動物を生産することを目的としているが、倫理的かつ法的に規制される動物福祉への対応ならびに公害防止や環境保全などへの配慮が不可欠である。したがって、対象家畜の健康性、生産性、生理的・生化学的指標や行動的指標などから福祉レベルの評価が行われる。

2. アニマルウェルフェア

アニマルウェルフェア(Animal Welfare; 以下AW)は、「動物福祉」や「動物への配慮」などと訳される場合がある。畜産におけるAWでは以下に示す5つのフリーダムについて科学的に評価される(表2)。

表2　AWの基本原則と評価事項例

5つの自由	評価事項例
飢えと渇きからの自由	栄養要求量に足りる飼料（質や量）を与えているか 飼料の衛生管理は保たれているか
恐怖や不苦悩らの自由	管理者自身が家畜にとってストレスになっていないか
病気や怪我からの自由	家畜の怪我や疾病発症時には、速やかに処置しているか
正常行動を発現する自由	家畜の行動要求が満たされ、異常行動を発現していないか
不快環境からの自由	飼養スペースが十分に確保され、最適温湿度に保たれているか

我が国の畜産分野において、上記のように提唱される５つの自由の考え方に基づいて、AW を「家畜の快適性に配慮した飼育管理を行うことで、家畜のストレスや疾病を減らし、畜産物の生産性や安全性の向上につながる」と再定義している（図2）。

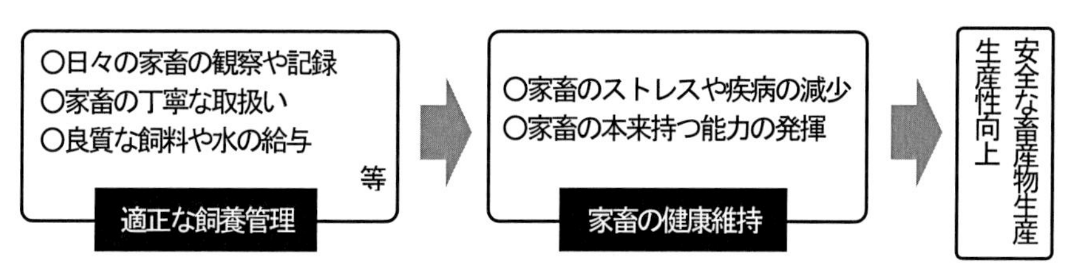

図2　我が国における AW の解釈

1）動物との関わり方

ヒトと動物との関わり方に関する考え方の違いについて、以下に示すように様々な考え方がある（表3）。AW は、人間にとって様々な恩恵を与えてくれる全ての動物を対象にしており、そのような動物に対してできるだけの配慮をするというのが基本的な考えである。

表3　動物との関わり方に関する考え方

アニマルウェルフェア Animal Welfare	科学的	科学的根拠に基づいた考え方
カウコンフォート Cow Comfort	現実的	生産性向上を基づいた考え方
動物愛護 Animal Protection	主観的	人間を主体とした考え方
動物の権利 Animal Rights	哲学的	あらゆる動物利用を否定する考え方

2）AW の具体的方策

家畜の「幸福な暮らし」を実現するための具体的な方策を、環境エンリッチメント（Environmental enrichment）という。環境エンリッチメントは主に社会、認知、物理、感覚および採食エンリッチメントから構成されている。AW では、これらエンリッチメントの導入に対して、対象家畜が「幸せそうに見える」という人間側の尺度ではなく、家畜の行動、表情、唾液やふん尿中ホルモンなどの客観的な指標から科学的にその幸福度が評価される。

3）誤解されやすいAW

一般的に舎飼いに比べ放牧環境は、広大な緑の絨毯の中で悠々と草を頬張る姿などから AW においても良いだろうと思われがちである。しかしながら、放牧環境では、より自然環境に近い環境下にさらされることから、光、温湿度、さらには外部寄生虫などへの暴露により、AW が保証されない場合があり、必ずしも放牧飼育が舎飼いよりも AW の評価が高いとはならない。

また、AW の評価基準である行動レパートリーの発現に関連して、正常行動の一つである敵対行動で、攻撃行動が過激になると相手個体を傷つける場合がある。さらに、このような場合、群れの社会的不安定を生むことがあり、必ずしも全ての行動の発現が AW レベルの向上につながらない。

一方、AW に配慮した家畜生産において、生産コストの上昇が懸念されており、AW は生産性を損なうといわれる場合がある。しかし、AW の実践は、飼育個体の健全性を保つことで、治療費の削減、疾病や怪我での廃棄率の低下なども期待されており、必ずしも生産性を低下させる要因とはならない。

Work Sheet：生産倫理とアニマルウェルフェア

検印

4
生体機構と生理

佐藤勝祥

1. 家畜の体構造的特徴

1) ウシ

ウシは、その役割によって体型が大きく異なっている。乳牛では乳房が著しく発達するため前駆よりも後躯が大きいが、肉牛は産肉性を向上させるための育種・選抜が進められたため、側面から見ると長方形の体型を呈する。ヤギやヒツジなどと同様に反芻動物であるウシは、４つの胃を持つという大きな特徴がある。第一胃と第二胃を合わせて反芻胃と呼ぶ。成牛の容積は 150～200L と大きく、消化管全体の約50%を占める。第一胃（ルーメン）の内部は多数の絨毛があり、第二胃はその内壁の状態から蜂巣胃とも呼ばれる。反芻胃には多様な微生物が生息し、ウシの重要な栄養活動が営まれている（第5章で後述）。「反芻」とは、第二胃の収縮に始まり、食道の逆蠕動を伴って、飼料と微生物の塊を口腔内に戻す一連の行動を指す。口腔内に戻された飼料塊は唾液と混合されながら再咀嚼された後、再度嚥下されルーメン微生物によって消化される。第三胃は、大小多数のひだ状の胃葉が発達しており、水分や短鎖脂肪酸の吸収が行われる。第四胃は単胃動物と同様に消化液を分泌する胃である。

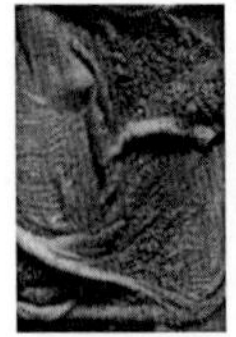
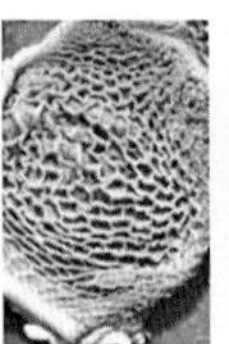

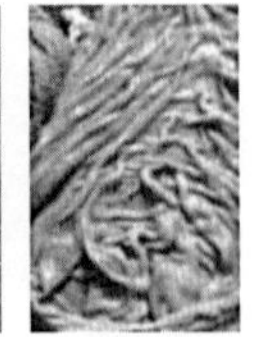

図1 ヤギの胃
（左から第一胃、第二胃、第三胃、第四胃）

2)　ブタ

ブタは肉用家畜として改良が進められてきたため、現代における大型の改良種では中躯、後躯がよく発達している。家畜化に伴い、肉量が多く採れるように胴体部分が長くなるような育種・選抜が行われ、背骨（胸椎と腰椎）の数には品種によって大きな差異がみられる（19～23 個）。消化器官を見ると、胃の幽門部に胃憩室と呼ばれるブタ特有の部位が存在する。また、下部消化管では盲腸と結腸がよく発達しており、結腸は円錐状に回転しながら直腸へと移行する（円錐結腸）。これらの部位では、栄養素の消化吸収が引き続き行われるとともに、微生物による発酵によって繊維質も消化される。

3)　ニワトリ

ニワトリを含む鳥類の骨は哺乳類と比べてリン酸カルシウムの含有量が高く、軽くて丈夫で密な骨格を形成している。骨格筋を見ると、一般的に飛翔する鳥の胸筋には赤筋（遅筋）が多く含まれているが、ニワトリの胸筋では白筋（速筋）が多く含まれている。

ニワトリは唇と歯を持たず、嘴でついばんだ飼料は咀嚼されずに食道を通り、胸腔の直前にある嗉嚢に入る。嗉嚢の働きは餌を一時的に蓄えておくこと、飼料を唾液などの水分と混合させて膨潤化することにより消化しやすくすることとされている。胃は腺胃（前胃）と筋胃（砂嚢）に分かれており、腺胃は他の動物の胃底部、筋胃は幽門部に相当する。筋胃は筋層が厚く発達しており、野外で飼育された家禽では筋胃内に砂や小石を溜め込むことで、飼料の物理的な消化を行うものもある。消化管の末端であるふん管は、尿管および生殖輸管（精管あるいは卵管）とともに総排せつ腔へと開口する。また、総排せつ腔の背側には、鳥類に特有の器官でＢ細胞の成熟が行われるファブリキウス嚢が開口する。

2. 家畜の生体調節機構

1）神経系による調節機構と体液系による調節機構

家畜を含む高等動物は、個体としての恒常性を維持するため、種々の外部環境の変化に対応して内部環境（生体内）を調整し、対応する機構を備えている。例えば、外気温が高くなれば発汗して体温を下げようとし、外気温が低くなれば体を震わせて熱産生を行うことで体温を上げようとする。このような調節機構について、神経系による調節機構と体液系による調節機構の二つの機構が知られている。

神経系による調節機構では、中枢神経系と末梢神経系と呼ばれる二つの神経系が働き、周囲の変化を刺激としてとらえ、これを中枢に送り、処理後、再び反応として末梢へ送り返す。中枢神経系は脳と脊髄からなり、反射を処理する。一方、末梢神経は中枢神経系から出るニューロン（神経細胞）で構成され、その刺激を全身に遠心性に伝達するとともに、感覚受容器の興奮を急進性に伝達する役割を担っている。末梢神経のうち、運動や感覚などをつかさどる神経系を体性神経系といい、呼吸、循環、吸収などをつかさどる神経系を自律神経系という。

体液系の調節機構で重要な役割を果たしているのが内分泌であり、仲介する物質はホルモンと呼ばれる。ホルモンとは、特定の内分泌器官（組織や細胞）で作られ、直接またはリンパを経て血中に入り、特定の標的器官に作用してその機能に影響を与える化学物質と定義されている。ホルモンは化学的構造の違いによって、アミノ酸誘導体ホルモン、ペプチドホルモン、ステロイドホルモンの3種類に分類され、次のような特徴がある。

- 極めて微量（血中濃度は10^{-12}～10^{-6} M）で作用する
- 特定の組織や器官に作用し、その機能を亢進あるいは抑制する
- 分泌動態は一定ではなく、種々の条件によって変化する
- 生成されるとともに、絶えず排せつまたは分解されている

表1にホルモンの主な分泌器官とその作用を示す。

表1 主な内分泌器官とホルモンおよび作用

分泌器官	ホルモン	主な作用
下垂体前葉	成長ホルモン	筋肉や骨の成長を促進
	副腎皮質刺激ホルモン	副腎皮質ホルモンの分泌を促進
	甲状腺刺激ホルモン	甲状腺ホルモンの分泌を促進
下垂体後葉	抗利尿ホルモン	腎臓での水分損失を抑制
	オキシトシン	子宮平滑筋収縮、泌乳促進作用
甲状腺	甲状腺ホルモン	代謝率の亢進
上皮小体	上皮小体ホルモン	血中カルシウム濃度を一定に保つ
膵臓	インスリン	血糖値を低下、脂肪の生合成を促進
	グルカゴン	血糖値を上昇
副腎皮質	糖質コルチコイド	タンパク質を炭水化物に変換
	電解質コルチコイド	電解質バランスと血圧の恒常性維持
副腎髄質	アドレナリン ノルアドレナリン	血糖値の上昇、血圧上昇、 熱産生の促進

注　下垂体前葉からはプロラクチン、卵胞刺激ホルモンおよび黄体形成ホルモンも分泌される。

2）ストレス

ハンス・セリエ（Hans・Selye）は生体が危機的な状況に陥った時に現れる「非特異的な生理反応」をストレスと呼び、それを引き起こす要因を「ストレッサー」と呼んだ。ストレスによる生体の抵抗力は、警告反応期と抵抗期、疲はい期という三段階の変化を示す。セリエがあげたストレス反応は非特異的で、副腎皮質の肥大（内分泌系）、胸腺や脾臓の萎縮（免疫系）、胃や十二指腸の潰瘍（神経系）を三大兆候とした。これらのストレス反応によって、成長の遅延や免疫の抑制および生殖機能の低下が引き起こされることから、ストレスが家畜生産においてマイナイスの要因となりうる。

3）生体防御機構

生体防御機構とは、生体が細菌やウイルスなどの有害因子を排除しようとする仕組みであり、非特異的な防御機構である自然免疫と、特異的防御機構である獲得免疫（適応免疫）に大別される。自然免疫は、生体内に侵入した異物を無差別に排除する機構で、免疫応答の初期に働き、好中球や単球（マクロファージ）といった免疫担当細胞が食作用によって異物を直接攻撃する。これに対し、獲得免疫は特定の抗原に対する特異的な防御機構であり、自然免疫では対応しきれない重篤な感染に対して働く。リンパ球（T 細胞やB 細胞）が中心的な役割を果たし、T 細胞が異物を直接攻撃する細胞性免疫と、B 細胞が抗体を産生して抗原を攻撃する液性免疫に大別される。獲得免疫では、その抗原に対して特異的に働くリンパ球の記憶細胞を生じることで、次に同じ抗原が侵入した際には初回に比べて速やかに強力な免疫応答を示すことが可能となる。

Work Sheet：生体機構と生理

検印

5
栄養

浅野桂吾

1. 家畜の栄養

動物の体成分は有機物、無機物（ミネラル）、水分からなり、それらを日々更新し続けることで、生命を維持している。動物は身体の維持や成長のため、加えて家畜は畜産物の生産のため、飼料を摂取してそれらのもととなる物質を体内に取り入れることが必要である。このような過程を栄養（Nutrition）といい、動物が維持・生産のために摂取する物質を栄養素（Nutrients）という。栄養素は、タンパク質、炭水化物、脂質、ビタミン、ミネラルに大別される。

2. 栄養素

1）タンパク質（Protein）

タンパク質は身体の大部分を占める成分であり、乳・肉・卵などの畜産物の主成分である。成長期の動物や泌乳、産卵などの生産を行う家畜には特に多くのタンパク質が必要となる。タンパク質は約 20 種類のアミノ酸がペプチド結合した重合体であり、多様なアミノ酸組成・配列を持つ。これによって筋肉や酵素、ホルモン、免疫グロブリンなど特有の生物学的機能を有するタンパク質となり、生体内で働く。アミノ酸の栄養上の分類には、家畜体内では合成できない必須アミノ酸、必要量を合成あるいは通常の飼料から十分に摂取可能な非必須（可欠）アミノ酸などがある（表 1）。必須アミノ酸は動物種によって異なるものの10種程度とされ、家畜生産では給与量だけではなくバランスも重要となる。飼料のタンパク質は消化管でアミノ酸にまで分解・吸収され、体タンパク質や代謝物質の合成、脱アミノによるエネルギー合成に利用される。

表1　動物の必須アミノ酸と非必須アミノ酸

必須アミノ酸	バリン、ロイシン、イソロイシン フェニルアラニン、メチオニン トレオニン、トリプトファン アルギニン、ヒスチジン、リジン
非必須アミノ酸	アスパラギン、アスパラギン酸 グルタミン、グルタミン酸 セリン、アラニン、グリシン チロシン、システイン、プロリン

2) 炭水化物 (Carbohydrate)

糖・デンプンなどの家畜が利用しやすい（易利用性）炭水化物を糖質、セルロースなどの難利用性のものを繊維と区別する。家畜の身体では少量であるが、飼料中においては最も多い成分であり、エネルギーの主な供給源となる。反芻家畜において繊維成分は、物理的な刺激により反芻行動を誘起するため、第一胃の恒常性を保つうえで必須となる。炭水化物は糖分子数によって、①単糖類（グルコース、フルクトース、ガラクトースなど）、②少糖類（スクロース、マルトースなど）、③多糖類（デンプン、セルロース、キシランなど）に分けられる。動物が摂取した多糖類や少糖類は、消化管の消化酵素によって分解され、単糖の形で吸収され、エネルギーの合成に利用される。反芻家畜やウマでは、セルロースやキシランなどの繊維成分を消化管内微生物の酵素によって分解、利用することが可能である。

3) 脂質 (Lipid, Fat)

脂質は脂肪酸とアルコールからなり、水に不溶で有機溶媒に溶ける性質を持つ。身体には皮下や内臓周辺に多く存在しており、体温保持の働きがあるほか、炭水化物より高いエネルギーを持つことからエネルギー源としても重要である。代表的な脂質であるトリグリセリドはグリセロールに高級脂肪酸がエステル結合している。ほとんどの高級脂肪酸は偶数個の炭素（C）を有しており、グリセロールにはC数の異なる脂肪酸が結合している。脂肪酸はC鎖間に二重結合を持つ不飽和脂肪酸と二重結合を持たない飽和脂肪酸に分類され、一般に、前者は動物性、後者は植物性の脂質に多く含まれる。トリグリセリドのような構造を持つ脂質を単純脂質とも呼び、脂肪酸以外とのエステル結合を含む脂質を複合脂質と呼ぶ。複合脂質は生体膜での物質の通過や神経系の情報伝達に関与している。

4）ビタミン（Vitamin）

ビタミンは極めて微量であるが動物体内の代謝に必須である。共通の化学構造や性質を持たず、それぞれが特有の生理的作用を有しているが、脂溶性と水溶性に大別されている。動物体内で合成できるもの以外は、飼料や飼料添加物によって必要量を補うことができる。ビタミンCは霊長類を除くほとんどの動物が体内で合成できる。反芻家畜では消化管内微生物によってビタミンB群やKが合成される。ビタミンAの欠乏は給与飼料によって家畜全般でみられる。

5）ミネラル（Mineral）

ミネラルは動物体内では極めて微量であるが、骨形成や酵素作用、体液のpH・浸透圧の調整などの生体機能の調節に必須である。体内に必須で量が多いものを多量元素（Ca、P、K、Na、Cl、S、Mg）、微量なものを微量元素（Fe、Cu、Mn、Zn、I、Se、Mo、Co、Cr）と呼ぶ。飼料摂取だけでは不足するミネラルが多くあるため、飼料に添加したり、ミネラルブロックを給与することで補給させる。代表的な欠乏症には、Ca欠乏による乳牛の乳熱やMg欠乏によるグラステタニー症などがある。また、過剰症（中毒）にも注意が必要である。

3. 栄養素の消化と吸収

飼料の栄養素を吸収できるように、消化管内で微細な分子にまで変化させることを消化（Digestion）という。消化は、①口腔での咀嚼や鳥類の砂嚢での破砕といった物理的消化、②胃や小腸での酵素作用による化学的消化、③反芻動物の反芻胃やウマなどの盲腸に存在する微生物による消化にわけられる。

1）単胃動物の消化機構

飼料は口腔内で咀嚼により破砕され、唾液と混合された食塊となって胃に運ばれる。この時、唾液中の消化酵素であるアミラーゼによって飼料中のデンプンの分解が始まる。単胃動物の胃では、食塊の流入後、主にタンパク質の分解に働く消化液が分泌される。この消化液に含まれる塩酸が胃内pHを低下させるが、アミラーゼの作用はpH4以下になるまで続く。腸管内では、膵液に含まれるアミラーゼや粘膜上皮細胞の二糖分解酵素でさらに低分子化され、最終的にはグルコースとして吸収、肝臓に運ばれて利用される（図1）。草食性の単胃動物を除いて、セルロースなどの繊維成分はほとんど消化することができず、ふんとして排出される。

胃内の塩酸は、食塊の流入刺激によって分泌されるガストリンが働くことで分泌され、タンパク質分解酵素であるペプシノーゲンをペプシンに活性化する。飼料のタンパク質はペプシンによってペプチドに分解され、小腸に送られる。小腸では、膵液や粘膜上皮細胞に含まれる様々なタンパク質・ペプチド分解酵素によってさらに低分子化され、最終的にはアミノ酸として吸収される（図1）。

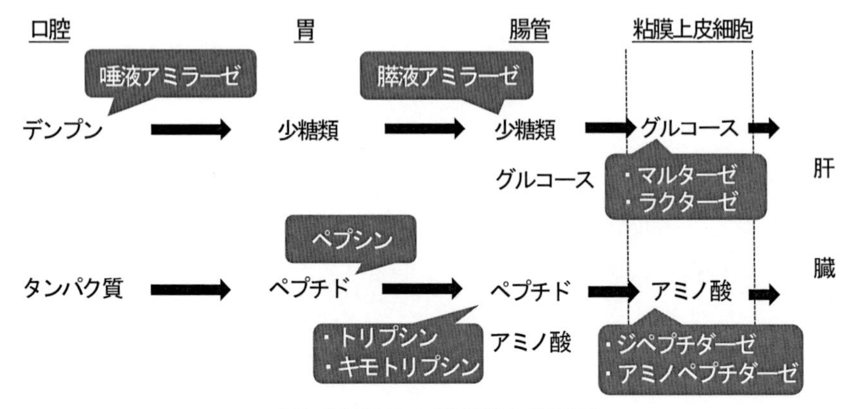

図1 単胃動物の消化機構と消化酵素

また、脂質は胃での消化をほとんど受けず、小腸に流入する際、膵液や胆汁と混和される。膵液中のリパーゼなどの酵素による分解と胆汁酸による乳化を受け、脂肪酸が遊離する。それらは、粘膜上皮細胞内でトリグリセリドやコレステロールなどに再合成にされて吸収、エネルギー合成などに利用される。

2) 反芻動物の消化機構

反芻動物では糖質や繊維成分の分解に、第一胃内のデンプン分解菌や水溶性糖類分解菌、繊維分解菌、プロトゾアといった多様な微生物が働く。それらの微生物は揮発性脂肪酸（Volatile Fatty Acid; VFA）を産生し、VFA は第一胃粘膜から吸収される。VFA は肝臓で糖新生によるエネルギー合成や他成分の合成に利用される。微生物は互いに共生・競争関係にあるため、栄養素の消化には第一胃内環境を適切に維持することが重要となる。つまり、第一胃に多量の唾液を流入させ、胃内を微生物の至適 pH に保つ反芻行動は極めて重要である。デンプンや水溶性糖類を多く含む穀類などを多給する場合、微生物によって多量の乳酸・VFA が産生される。これにより胃内の pH が急激に低下し、微生物の活性が減弱する。これをルーメンアシドーシスといい、家畜は食欲不振や沈鬱状態となり、重篤な場合は死に至る。

反芻家畜では、飼料のほかに第一胃内微生物がタンパク質の主な給源となる。飼料のタンパク質は第一胃内微生物によってアミノ酸やアンモニアなどに分解される。アンモニアは一部の細菌によって利用されるとともに胃壁から吸収されて肝臓で尿素に変換・排出される。アミノ酸・アンモニアと炭水化物の分解時に生じるエネルギーを利用して増殖した細菌（菌体タンパク質の再合成）と細菌を捕食することで増殖したプロトゾアは微生物タンパク質として第 4 胃以降の下部消化管に送られる。また、微生物分解を受けずそのまま下部消化管に送られるタンパク質（バイパスタンパク質）もあり、それらのタンパク質は、単胃動物と同様に消化・吸収が行われる。

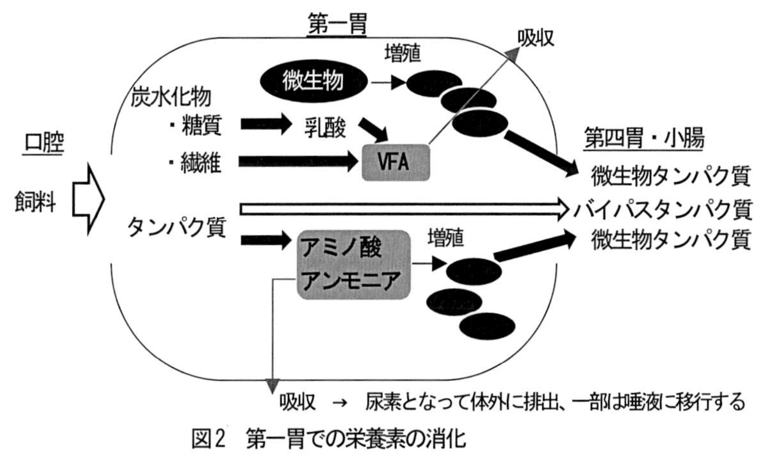

図2　第一胃での栄養素の消化

4. 飼料の栄養価

1）消化率と可消化養分総量

家畜生産では、飼料の栄養素含量とそれらを家畜がどの程度利用できるかを把握することが重要である。そこで、実質的な飼料の栄養価を知るためには、消化試験を行い、各栄養成分の消化率(Digestibility)を求める。給与した飼料の成分量からふんに排出された成分量を差し引いて、消化管で吸収された成分量が求められる。飼料中のそれらの割合を(見かけの)消化率という※1。

※1 消化率(%)=(飼料中成分含量―ふん中成分含量)/飼料中成分含量×100

なお、ふんには消化管粘膜の剥落物や微生物などが含まれているため、それらを取り除いて求めたものを真の消化率と呼ぶ。飼料中の成分含量に各成分の消化率を乗じることで、可消化粗タンパク質や可消化粗脂肪などの可消化成分含量が求められる。さらに、下記式※2から飼料中の家畜が利用可能なエネルギー含量を求めることができ、これを可消化養分総量(Total Digestible Nutrient; TDN)という。

※2 TDN(%)=可消化粗タンパク質(%)+可消化粗脂肪(%)×2.25
+可消化可溶性無窒素物(%)+可消化粗繊維含量(%)

2) 飼料のエネルギー

飼料のエネルギー含量は、TDNとは別に、表2のように示す方法がある。飼料を動物に給与して利用されたエネルギーをより正確に表すために、飼料が持つ熱量を総エネルギーとして、ふんや尿、ガスなどとして排出・消費される熱量を段階的に差し引いて表す。

表2 飼料エネルギー

総エネルギー (Gross Energy; GE)	飼料の全エネルギー
可消化エネルギー (Digestible Energy; DE)	GEから排出されたふん中のエネルギーを差し引いたもの
代謝エネルギー (Metabolizable Energy; ME)	DEから消化管内で発生したメタンガス・水素ガスのエネルギーと尿中エネルギーを差し引いたもの
正味エネルギー (Net Energy; NE)	MEから養分代謝・発酵の熱増加で消費されるエネルギーを差し引いたもので、家畜の維持・生産に用いられるエネルギー

Work Sheet：栄養

検印

6
飼料作物

畑　直樹

1. 飼料の種類

飼料とは、家畜および水産動物の栄養に供することを目的として、最終的にこれら動物の口に入るもの全てを指す。家畜の飼料は、主として、粗繊維と可消化養分（デンプン、タンパク質など）含有量の違いによって、粗飼料と濃厚飼料の2種類に大別できる。粗繊維は粗飼料で多く、濃厚飼料では少ない。逆に可消化養分は、粗飼料よりも濃厚飼料に多く含まれる。

粗飼料には、水分含量の少ない乾草類やワラ類などの乾燥粗飼料と、生草類や青刈作物、サイレージ、野菜類などの水分含量の多い多汁質粗飼料があり、ウシ・ヒツジ等の草食家畜に給与される。一方、濃厚飼料には、トウモロコシなどの穀類のほか、ヌカ類、油および製造粕類、動物質飼料があり、ブタやニワトリ等に給与される。草食家畜は粗飼料のみで飼養が可能だが、泌乳能力や肉質の向上を目的として、濃厚飼料も飼料に配合される。ただし2001年に我が国でBSE感染牛が発見されて以降、飼料安全法に基づく政令が改正され、一部の例外を除き、動物質飼料の草食家畜への給与は禁止されている。

粗飼料や濃厚飼料とは別に、特殊飼料として、ミネラル、ビタミン、その他の飼料添加剤が給与されることがある。採卵鶏の飼養においては、卵殻の主成分であるカルシウムの補給を目的として、炭酸カルシウムやリン酸カルシウムの給与が必須である。

2. 飼料の生産

我が国の畜産で使用される濃厚飼料の約 90%は海外からの輸入に依存しているため、粗飼料の約 80%は国産であるが、国全体の飼料自給率は約 25%と極めて低く推移している。安定的な畜産経営を通じて国内の持続的な食料生産を支えるために、自給飼料の生産および利用の拡大が望まれており、2020 年度の自給率の数値目標は、粗飼料が 100%、濃厚飼料が 19%、飼料全体で 38%となっている。

飼料作物の生産は、畜産農家自身が行う場合と、耕種農家が生産して畜産農家と連携（耕畜連携）する場合がある。いずれの場合も、主として粗飼料の生産が行われ、畑や水田転換畑で栽培される一年生作物と高原草地などで栽培される多年生作物に大別される。一年生作物としては、春から夏に栽培されるトウモロコシ、ソルガム、暖地型牧草など、秋から翌春に栽培されるイタリアンライグラス、飼料用ムギ類などがあげられる。多年生作物の栽培では、一般にイネ科作物とクローバーなどのマメ科作物が混植される。これら飼料作物は、カリウム肥料の施肥量や土壌中のカリウム濃度に注意する必要がある。家畜ふん尿の多量施肥等により、カリウムが過剰になると、生産した飼料は、カリウム含有量が高く、マグネシウム含有量が低い状態（テタニー比[K/(Ca+Mg)]が 2.2 以上）となる。このような飼料を家畜が摂取すると、低マグネシウム血症（グラステタニー症）を発症して、最悪の場合、死に至る危険性が高まるためである。

飼料自給率を高める政策として、近年では、濃厚飼料としての飼料用米の生産が推奨され、栽培面積や利用実績も増えている。また未利用資源の有効利用も推進されており、特に、エコフィード（食品残さ飼料）は、濃厚飼料の代替飼料として注目され、利用も増えている。

3. 飼料の調製

飼料は一般に、飼養する側の人間、飼養される側の家畜の双方にとって利点が生まれるように、適切な調製を行う必要がある。

家畜の生産性と生産量は、飼料摂取量の多少によって大きく影響されるため、家畜の好みに適し、食べやすいといった、嗜好性の高い飼料に調製することが重要である。粗飼料の細断は、最も単純な調製手段であるが、家畜による採食、咀嚼を容易にする点で有効である。消化の促進や軟化を目的として、穀物飼料の粉砕や水への浸漬を行う場合もある。また細断あるいは粉砕した飼料をペレット状に固形化すると、家畜の嗜好性も良く、飼料の取り扱いが容易となる。

飼料を混合する調製も一般的であり、2種類以上の飼料を材料とした混合飼料や、家畜の栄養素要求を全て満たし、その給与のみで飼養を可能にした配合飼料（TMR飼料）が普及している。混合・配合飼料は保存性が高く、簡便に使用できることから、家畜の嗜好性や栄養面のみならず、畜産農家に対しての利点も大きい。

飼料作物の効率的な利用を図るため、飼料の保存性を高める調製も重要である。刈り取って乾かすだけである乾草調整は、飼料の成分の変質が少なく、最古にして最善の貯蔵技術である。乾草調製のポイントは、良質の飼料を雨にあてずに短時間で十分乾燥して仕上げることにある。ヨーロッパ等に比べると、高温多湿の我が国は、乾草調製に不利な気候であり、飼料の貯蔵技術としてはサイレージ調製の方が普及している。サイレージとは、飼料作物を細切後、適当な容器（サイロ）に詰め込んで気密状態に保ち、主として乳酸発酵させた多汁質粗飼料のことである。サイレージ調製は漬物と同じ原理であり、漬物同様に貯蔵性が高く、飼料の消化性や嗜好性も高まる。

Work Sheet：飼料作物

検印

7
飼養

中川敏法

1. ウシ

ウシは人間が利用できない資源（草本植物）を良質な動物性タンパク質（乳・肉）に変換することができる貴重な家畜といえる。

牛乳を生産することに特化したウシを乳用牛といい、日本において代表的な品種はホルスタイン・フリーシアン種（通常、ホルスタイン種）である。ホルスタイン種は温順であり比較的丈夫で飼いやすく、全ての牛種中で乳量は最も多い。

乳用牛の雌は誕生後、約 2 ヵ月間の保育期間（授乳期間）を経て、12～14 ヵ月間育成される。育成期間が終わると人工授精され妊娠が確認できれば生産サイクルに入る。妊娠期間は約 280 日間で、出産から 1 週間程度は抗体や種々の成長因子を多く含む初乳を分泌する。初乳は子牛に給与し、飲用としての流通は禁止されている。出産後 300～330 日間は搾乳し、次の人工授精の 60～90 日前からは搾乳しない期間を設ける（乾乳期間）。これは、次の妊娠・出産までの体力回復を図るためである（詳細は「10. 生産機能」の項を参照）。

牛肉を生産することに特化したウシを肉用牛といい、日本において代表的な品種は黒毛和種である。肉用牛は繁殖を目的とした繁殖牛と、と畜して肉用に供する肥育牛に分けられる。

繁殖牛の飼養では、分娩後の発情回帰を見逃さず毎年確実に子牛を出産させることが重要である。分娩後 80 日以内には妊娠させ、空胎期間をできるだけ短くすることが目標となる。

肉用牛には、主に和牛、交雑種および乳用種去勢牛などが用いられる。和牛の場合は、30 ヵ月ほどかけて肥育し、霜降り肉生産を狙うことが多い。また、交雑種や乳用種去勢牛の場合は、16〜18 ヵ月で 800 kg 以上にする短期間出荷システムが発達している。いずれにしても、多量の輸入穀類を消費する点が問題となる。これに対し、近年では放牧・粗飼料主体で肥育した赤身肉主体のグラスフェッドビーフなど、消費者のヘルシー志向に合わせた取り組みも進んでいる。

ウシの飼養形態には地域差があり、鹿児島や宮崎など南九州地域では肉用牛、北海道では乳用牛の飼養が多く行われている（表 1）。

表 1　地域別にみたウシの飼養農家戸数と飼養頭数（2018 年）

	乳用牛		肉用牛	
	飼養戸数	飼養頭数（千頭）	飼養戸数	飼養頭数（千頭）
北海道	6140	791	2570	525
東北	2350	99	12500	333
北陸	320	13	403	21
関東・東山	3050	176	3010	277
東海	684	51	1140	122
近畿	483	25	1570	84
中国	708	45	2740	119
四国	355	18	724	59
九州	1520	107	21200	901
沖縄	69	4	2470	74

農林水産省統計情報部「畜産統計」

2.　ブタ

ブタの飼養管理には繁殖と肥育があるが、近年では企業化が進み一貫生産をする企業養豚が主流となっている。一貫生産を行ううえでは、伝染病への対策が最も重要となる。そのため、同時期に生まれた子豚を一斉に離乳させ、別の豚舎へ移動させるオールイン・オールアウト方式が多く採用される。なお、オールアウト後の豚舎は徹底的に洗浄消毒し、次のオールインに備える。このような集約的な飼養のほか、一部では放牧による育成システムも存在し、ブタが自由に行動（土堀りなど）できるためアニマルウェルフェアの観点からも望ましいとされている。

ブタの飼養頭数は、豚肉の需要増大に対応しながら増加する一方で、飼養農家戸数は減少を続け、一戸あたりの飼養頭数は年々増え続けている。また、飼養頭数も平成元年（1989年）を頭打ちに減少を続けている（表2）。

表2 全国のブタの飼養農家戸数と飼養頭数の変化

	飼養戸数	飼養頭数（千頭）	一戸あたり飼養頭数
1968年	530600	5535	10.4
1978年	165200	8780	53.1
1988年	57500	11725	203.9
1998年	13400	9904	739.1
2008年	7230	9745	1347.9
2018年	4470	9189	2055.7

農林水産省統計情報部「畜産統計」

地域別にみると関東・東山地方や九州地方で飼養農家・飼養頭数ともに多く、特に九州の鹿児島県（戸数：535戸、頭数：1272千頭）、宮崎県（戸数：449戸、頭数：822千頭）は両県で全国の約23%を占める最大の豚肉生産地となっている。このほか、茨城県（戸数：331戸、頭数：552千頭）、群馬県（戸数：221戸、頭数：612千頭）、千葉県（戸数：288戸、頭数：614千頭）なども養豚は盛んである（表3）。

表3 地域別にみたブタの飼養農家戸数と飼養頭数（2018 年）

	飼養戸数	飼養頭数（千頭）
北海道	210	626
東北	546	1519
北陸	163	253
関東・東山	1180	2425
東海	386	649
近畿	68	50
中国	94	281
四国	144	294
九州	1420	2867
沖縄	257	226

農林水産省統計情報部「畜産統計」

3. ニワトリ

ニワトリの飼養施設（鶏舎）には、平飼い鶏舎、開放鶏舎、無窓鶏舎などがある。平飼い鶏舎はケージを必要としない飼養方法で、ニワトリは自由に行動できるため自分から良い環境を求め移動することができストレスが少ない飼養が可能である。ただし、ニワトリが群で飼育されるため、カンニバリズム（悪癖や尻つつき）の発生が懸念される。悪癖防止のために断嘴（デビーク）を行うことが多い。開放鶏舎には高床開放鶏舎と低床開放鶏舎がある。高床開放鶏舎は 2 階建てになっており、2 階部分でニワトリをケージに入れて飼養し、1 階部分は鶏ふんを堆積するシステムになっている（図 1）。1 階部分の通気性を良好に保つことで

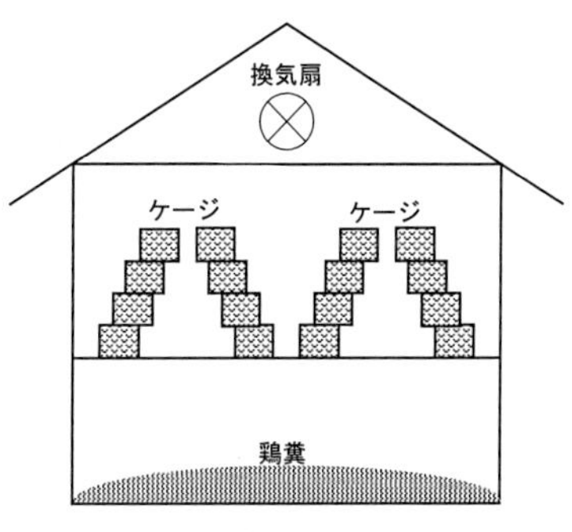

図 1　高床開放鶏舎の断面図

効率的に鶏ふんを乾燥させることができる。高床開放鶏舎は夏季の温度管理が比較的容易であるが、冬季には1階部分から冷気が入らないように防寒対策をすることが重要である。無窓鶏舎（ウインドウレス鶏舎）は窓がなく壁も断熱材で覆うことが多く、年間を通じて鶏舎内の温度管理がしやすい。また、最大のメリットは照明器具で日長を制御することができる点である。無窓鶏舎では、換気扇によって強制的に二酸化炭素、粉じん、熱、湿度を排出する必要がある。そのため、停電に備えて自家発電機を用意しておくことが重要である。

採卵鶏の飼養では開放鶏舎や無窓鶏舎を用いることが多いが、近年はニワトリのストレスを低減するために平飼い鶏舎を用いることもある。しかし、平飼い鶏舎の場合は集卵作業に手間がかかるため、ネスト（産卵箱）を使用するなど工夫が必要である。肉用鶏の飼養では平飼い鶏舎や無窓鶏舎の使用が一般的である。ニワトリの飼養羽数は、採卵鶏では茨城県（約1400万羽）、千葉県（約1250万羽）で多く、肉用鶏では宮崎県（約2840万羽）、鹿児島県（約2674万羽）、岩手県（2244万羽）が多くなっている（農林水産省畜産統計2018）。

ニワトリの雛は約21日で孵化するが、孵化直後は体温調節能が低いため、鶏舎内温湿度に注意しなければならない。孵化直後は32〜33℃程度に保ち、5週齢で18℃に調整する（図2）。

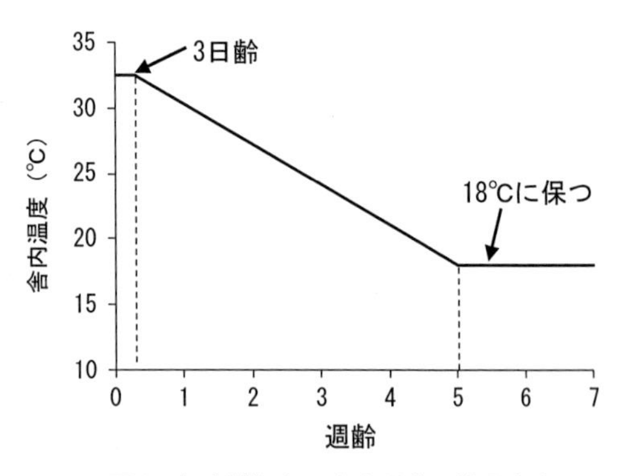

図2　初生雛からの舎内温度の管理方法

Work Sheet：飼養

検印

8
草地と放牧

平山琢二

1. 草地

草地とは、草食家畜の主要食糧を供給するうえで重要な場所で、草・土・水・微生物からなる複雑な生態系で成り立っている。草地の生産力は、利用可能な草の地上部である茎葉の収量で表される。草地生産においては、多年度にわたって利用されることが重要で、そのため草地の再生力は重要な課題となる。

草地の利用方法には採草や放牧がある。採草とは、草地で牧草を刈り取り収穫後に家畜に給与する方法である。採草で収穫された牧草は、そのまま家畜に給与される青刈り、水分含量を約 18%以下になるよう調整して保存性を持たせた乾草、さらにラップなどで気密状態にして乳酸発酵させることで保存性を持たせたサイレージなどとして利用される。草地の採草利用と放牧利用のメリットやデメリットについて表1にまとめた。採草利用は、季節の影響を受けづらく草地の利用率が高くなるが、牧草の刈り取り、収穫など労力や機械などが必要となり、さらに収穫した牧草の調整においては、その品質に天候が大きく左右する。放牧利用では、家畜が自ら採食するため、労力や機械などの投入エネルギー量は低くなるが、冬場は牧草の成長が鈍るため季節の影

表1　草地利用の比較

	採草利用	放牧利用
労力・コスト	高	低
季節生産性	低	高
天候	高	低
草地利用率	高	低

響を大きく受ける。また、いずれの利用法においても、草地を基盤とした家畜生産の効率化に関する課題や地球規模での環境保全に関連した課題などが山積する。

2. 放牧

放牧（Grazing）とは、家畜を放牧地などの草地に放し飼いすることで、家畜自ら牧草を採食させることである。放牧生産は、家畜生産と草地生産の両者をバランス良く利用することで持続的に実現される。草地生産では、その生産力を持続させることが重要となり、家畜生産では、栄養価の高い牧草を十分に供給することが重要となる。

1）放牧の種類

放牧は、放牧地の変更、放牧時間、放牧地の利用法などの違いによって分類される。放牧地域の変更がある場合を遊牧もしくは移牧といい、変更しない場合を定置放牧という。遊牧や移牧では、放牧地域の変更に伴って家族の移動も含める場合が多い。放牧時間の違いでは、昼夜連続して放牧する方式で、昼夜放牧と呼ばれ放牧可能な期間中、行われる。また、放牧地の面積に限りがあり、他の飼料と組み合わせて家畜の能力を高めようとする方式を時間制限放牧という。

放牧地の利用という点から、連続放牧、輪換放牧、ストリップ放牧などに分けられる（表2）。また、特殊な放牧としては、家畜を繋留し

表2　放牧地の利用法による特徴

連続放牧	同一放牧地に長期間にわたり放牧する方法で、最も省力的な放牧方法。しかし、草地の利用性や家畜の生産性は一般的に低くなる。
輪換放牧	いくつかの牧区に、順番に放牧していく方法で、草地の利用性は比較的高いが、草の生育速度に輪換間隔が依存する。
ストリップ放牧	時間制限下の1回の放牧に必要な面積を帯状（ストリップ）に区切って放牧する方法で、草地を最も効率的に利用できるが、労力がかかる。

た状態で放牧する繫牧や林内を放牧する林内放牧などがある。

2）放牧管理

放牧施設は、隔障物、給水施設、給塩施設および避難舎や日蔭施設などが含まれる。隔障物は、家畜の移動や捕獲などに不可欠で、木材・鋼材・コンクリート材など様々な素材を用いた柵がある。近年では、設置コストや牧区変更などが容易であるなどの理由から我が国では電気牧柵の利用が多く行われている。また、近年の温暖化などに伴い放牧環境は、家畜にとって厳しい環境となる場合が多いことから、暑熱ストレスを回避できるような日蔭施設などの設置が必要となる。

放牧時は、一定の社会構造や空間を持ちながら、採食や休息行動でも斉一性のある集団行動を示す。この個体の維持行動である採食行動や休息行動は放牧生産において極めて重要であるが、その行動には日内変動が認められている。採食行動は日出と日没時に頻繁に観察され、休息行動は夜間に多く観察されるが、それらは季節によって変動する。1日の採食時間は、家畜の生理や草地の状態、季節などによって異なる（ウシ：7〜9時間、ウマ・ヒツジ：4〜9時間）。

放牧環境では寄生動物や吸血動物によるピロプラズマ病、牛肺虫症などの放牧特有の疾病があり、それらを十分に理解し、予防に努める必要がある。また、春先の放牧地では若草やマメ科草が多く、下痢や鼓腸症などが多発しやすくなる。放牧草地の栄養成分によっては Mg 欠乏によるグラステタニー症などを引き起こす場合がある。

Work Sheet：草地と放牧

検印

9
衛生と疾病

平山琢二

1. 畜産衛生

畜産衛生は、生産者自らが行うことが基本となる。衛生管理では主に、①感染源を持ち込まない、②感染源を持ち出さない、③感染個体の排除、④消毒清浄化が重要な課題となる。

また、家畜の伝染性疾病の発生を予防し、まん延を防止することで、畜産の振興を図ることを目的とした家畜伝染病予防法（家伝法）がある。家伝法では、生産者が家畜の飼養に係る衛生管理に関して最低限守るべき飼養衛生管理基準が示されている（表1）。この中でも特に、衛生管理区域の設置は、病原菌の持込み、および持ち出しの防止において極めて重要である（表2）。その他の衛生管理基準にお

表1　家畜の飼養衛生管理基準

・家畜防疫に関する最新情報の把握等
・衛生管理区域の設定
・衛生管理区域への病原体の持込みの防止
・衛生管理区域の衛生状態の確保
・野動物等からの病原体の侵入防止
・家畜の健康観察と異状が確認された場合の対処
・感染ルート等の早期特定のための記録の作成及び保管など
・当該家畜の飼養に係る衛生管理状況などの報告

表2　衛生管理区域（境界の見える化）

・関係者以外立ち入り禁止（看板）
・車両、物品の消毒後の持込み
・出入者の靴（踏込み）消毒
・他の畜産施設訪問部外者の同日立ち入りの禁止（獣医師、畜産関係者は除く）
・帰国者、海外渡航者の入国１週間以内の入場禁止
・海外で使用した衣類、靴、物品の帰国、入国後４ヵ月以内の持ち込禁止

いて、①給餌、給水設備、飼料保管場所へのネズミや野鳥、野生動物の排せつ物の混入防止、②定期的な施設、器具の清掃、消毒、③1頭1針（注射、人工授精など）、④過密飼養の防止、⑤毎日の健康観察、⑥家畜導入時の検疫、⑦埋却地の確保、焼却または化製のための準備措置（口蹄疫対策）、⑧入場者の記録（部内者の海外渡航記録）などを通して、家畜の伝染性疾病の予防、まん延を防止する必要がある。

1）生産履歴管理システム

生産履歴管理（トレーサビリティー）は、生産から流通、消費者までを通して情報を追跡可能とするシステムである。ウシのトレーサビリティーは、「ウシの個体識別のための情報管理および伝達に関する特別措置法」で2003年に規定されている。10桁の個体識別番号がウシ1頭ずつに与えられており、それによって、生産者からと畜段階、加工過程、販売経路まで追跡が可能となっている。

2）HACCP

HACCP（Hazard Analysis and Critical Control Point；危害分析および重要管理点）は、HA（危害分析）とCCP（重要管理点）の二つの部分から構成されている。したがって、まず素畜の導入、飼料搬入、薬剤投与、ネズミ駆除、畜舎洗浄、と畜、解体、従業員教育などの全工程を対象として、各工程で予測されうる危害（素畜の異常や食中毒菌の付着など）をリストアップし、その危害を評価することから始まる。さらに真に管理する必要のある重要管理点を抽出し、それらの危害を防止する方法を科学的データに基づいて決定し、その方法を管理する基準を作成し、基準の測定法と測定頻度などを決めて実施する。HACCPシステムは、上記システムにしたがって衛生管理を行っている施設を厚生労働大臣が認証する。

2. 疾病の原因と予防

疾病は家畜の生産性を大きく低下させることから、疾病の原因を正しく把握し適切な衛生管理を行うことは、家畜の生産性低下を予防するために極めて重要である。疾病の原因は主に、①病原体の感染などの生物的因子、②農薬や有毒植物などによる化学的因子、③放射能や感電などによる物理的因子がある。この中でも特に病原体によって起こる感染症は、極めて重要な課題である。病原体は、皮膚、呼吸器、消化器、生殖器などから体内に侵入する場合がほとんどである。病原体は、表3に示すように伝播する。また感染症は、表4に示す感染成立の過程を経て発症する。したがって、感染症は、これらの因子を制御することで予防され、感受動物を減らすためワクチン接種などが行われる。また、これらの因子の制御が不十分な場合、予防薬の投与などを行う。感染源や伝播経路の遮断には生産現場の衛生が最も重要で、原則として部外者の立ち入り禁止、来訪車両の徹底した消毒、農場作業者が病原体を持ち込まない、外部からの野生生物などの侵入を防ぐなどの対策が必要である。

表3　病原体の伝播法

垂直伝播	胎盤感染、産道感染、母子感染（母乳および接触）、介卵感染など
水平伝播	接触、汚染飼料、土壌、空気、媒介動物

表4　感染症の感染成立過程

感染源	保有体、キャリアー、汚染土壌
伝播経路	水系伝播、空気伝播、風伝播、ベクター（機械的、生物的伝播）
感受性動物	個体および集団の中で免疫が不十分で病原体に対する感受性を持つもの
環境	病原体が伝播しやすい環境、動物に対するストレス

Work Sheet：衛生と疾病

検印

10
生産機能

山中麻帆

1. 乳

世界では、ウシ、ヤギ、ヒツジ、ラクダなどから乳が生産されている。中でも牛乳は乳生産量の大半を占めており、日本では乳牛1頭あたり年間およそ8,000kgの乳が生産されている。乳牛の乳房は4分房4乳頭からなり、乳頭を刺激することで脳からオキシトシンが放出され、乳房内の乳腺が収縮し乳汁の分泌が促進される。乳汁は、摂取飼料中の繊維やデンプンなどの代謝産物を利用して乳腺で合成される（図1)。したがって、摂取飼料と乳汁の量・質は密接に関連しており、一般的にデンプン質を多く含む穀類の摂取によって乳糖が増加することで乳量が増加する。また、繊維分の多い乾草やサイレージなどを摂取することで乳脂肪が増加する。乳成分の合成に必要な成分は、血液から乳腺に取り込まれており、牛乳 1kg を合成するのに 450～500L の血液が必要とされている。したがって泌乳期には多量の血液が必要とされることで代謝量が著しく増加する。代謝は熱生産を伴うため、環境温

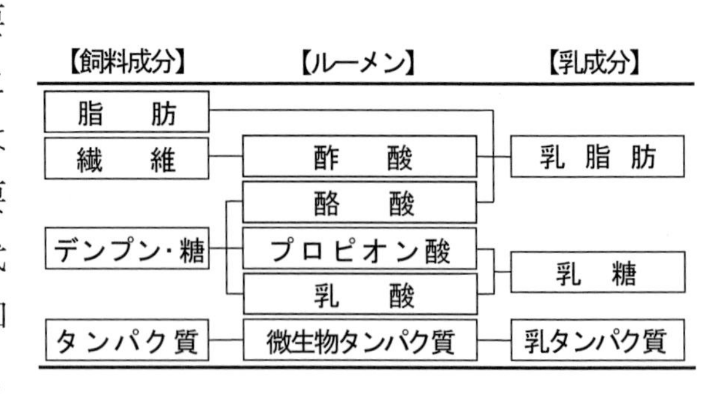

図1　乳成分合成経路

度の影響を大きく受ける。温熱環境下では放熱のため代謝量が低下することで乳量が減少する。一般的に乳牛の乳生産に最適な温度域は4～24℃とされている。なお、泌乳は子牛の出生に伴う活動で、それに関連する乳腺発育や泌乳開始・維持は、成長ホルモン、エストロジェン、およびプロラクチンなど様々なホルモンにより調節されている。

一般的に乳牛の泌乳量は、分娩直後から増加し50～60 日目に最高値を示す。その後、徐々に低下し300 日程度で泌乳期間を終える（図2）。泌乳期間後60 日程度は搾乳を止め、泌乳を停止させる。この搾乳を止めてから次の分娩までの泌乳停止期間を乾乳期という。乾乳期は、次の泌乳期に備えて乳腺組織を休息・回復させることや、胎仔への養分を補給するための期間で、安定した乳生産において極めて重要な期間である。

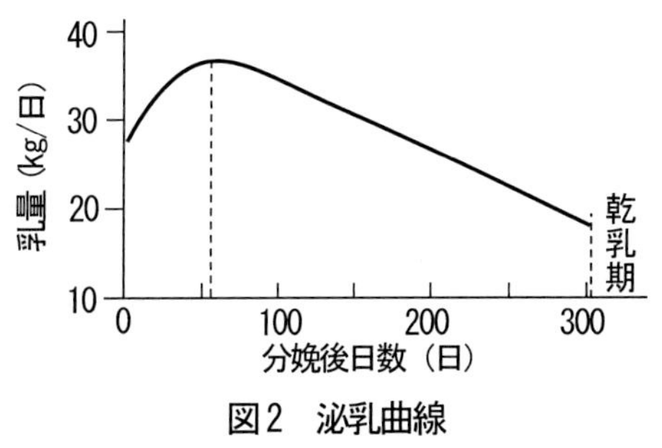

図2　泌乳曲線

2. 肉

家畜および家禽の筋肉は、横縞の有無により横紋筋と平滑筋に大別され、さらに横紋筋は骨格筋と心筋に分けられる。我々が食肉用として利用する部分の大半は骨格筋で、骨格筋は筋線維と呼ばれる細長い細胞の束で構成されている。動物の体は、最初に脳や神経系が発育し、次いで骨、筋肉、脂肪の順に発育する。一般的に筋線維の伸長は、骨の長軸成長に直接的な影響を受けるため、骨の発育が顕著な初期成長期に急速に伸長し、骨の長軸成長が終了すると筋肉量は主に筋繊維が肥大することで増加する。

1）牛肉

哺育、育成期（約0〜10ヵ月齢）は主に骨と筋肉が発育し、肥育期（約10〜30ヵ月齢）に入ると急速に脂肪が蓄積する（図3）。ウシの筋線維数は胎生期にほぼ決定するため、生後の筋肉量は筋線維の伸長および肥大に依存することとなる。筋繊維の伸長は骨成長に関連し、筋線維の肥大は運動量と関連する。

脂肪組織には、皮下脂肪、筋間脂肪、筋肉内脂肪などがあるが、このうち筋肉内脂肪の蓄積は脂肪交雑と呼ばれ、一般に霜降り肉と関連する。肥育中期にあたる15〜22ヵ月齢の時期は、前駆脂肪細胞が脂肪細胞へ分化する時期で、脂肪交雑の発達が盛んになる。筋肉内脂肪の蓄積は、サテライト細胞である前駆脂肪細胞の脂肪細胞への分化が促進されることで行われるが、その分化促進にビタミンCが関与しており、逆に分化阻害にビタミンAが関与している。

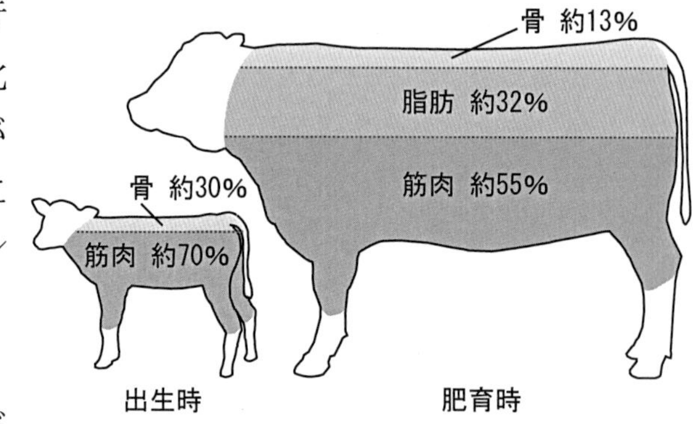

図3　成長に伴う枝肉中の主要組織構成割合の変化

2）豚肉

ブタはウシに比べ発育速度が極めて速く、肉用牛（黒毛和種）は約2ヵ月齢で生時体重（約30kg）の約2倍になるのに対し、肉用豚は約1週齢で生時体重（約1.5kg）の約2倍になる。子豚期（約0〜4ヵ月齢）は主に骨と筋肉が発育するが脂肪も蓄積する。後半の肉豚期（約4〜6ヵ月齢）になると、骨の発育は減速し主に筋肉と脂肪が発達する。ブタの筋線維数は主に胎生期に増加するが、子豚期にも増加するため子豚の筋肉の発育は筋線維の数と大きさが関与する。脂肪細胞の数も主に胎生期に増加するが、5 ヵ月齢頃まで増加する。脂肪の色や質は、飼料中に含まれる脂肪酸の種類や量によって変化する。

3）鶏肉

肉用鶏は 15 週齢頃までに骨の伸長が停止し、それに伴い筋線維の伸長も停止する。肉用鶏の筋線維数の増加は孵化時までに完了するため、15 週齢以降の筋肉量の増加は、筋線維の肥大に依存する。肉用鶏の場合、筋肉内脂肪の蓄積はほとんどなく、筋間脂肪は性成熟期（20～30 週齢）に著しく増加する。鶏肉を構成する主な成分である脂肪やタンパク質は、飼料組成の影響を受けやすく、タンパク質含量が高い飼料を摂取するほど食鶏のタンパク質量が増加し、脂肪量が減少する。また、肉の色調も飼料の影響を受けることが知られており、飼料中のキサントフィルの種類によって肉色が変化する。

3. 卵

世界で生産されている家禽卵のほとんどは鶏卵で、採卵鶏は年間約 250～300 個の卵を生産する。採卵鶏は約 5 ヵ月齢で産卵を開始し、それ以降ほぼ毎日 1 個ずつ産卵する。しかし、排卵から抱卵までに約 24～25 時間かかるため産卵時刻が毎日少しずつ遅れ、夜間は黄体形成ホルモンが分泌されないため、一定期間産卵が続くと 1 日休産し、その後また産卵が続き 1 日休産する。この一連の産卵をクラッチと呼び、クラッチの繰り返しを産卵周期という。鶏卵は主に、内側から順に卵黄、卵白、卵殻の 3 部で構成され、卵巣から卵管にかけて内側から順次形成される（図 4）。通常、採卵鶏の卵重は初産時が最も小さく

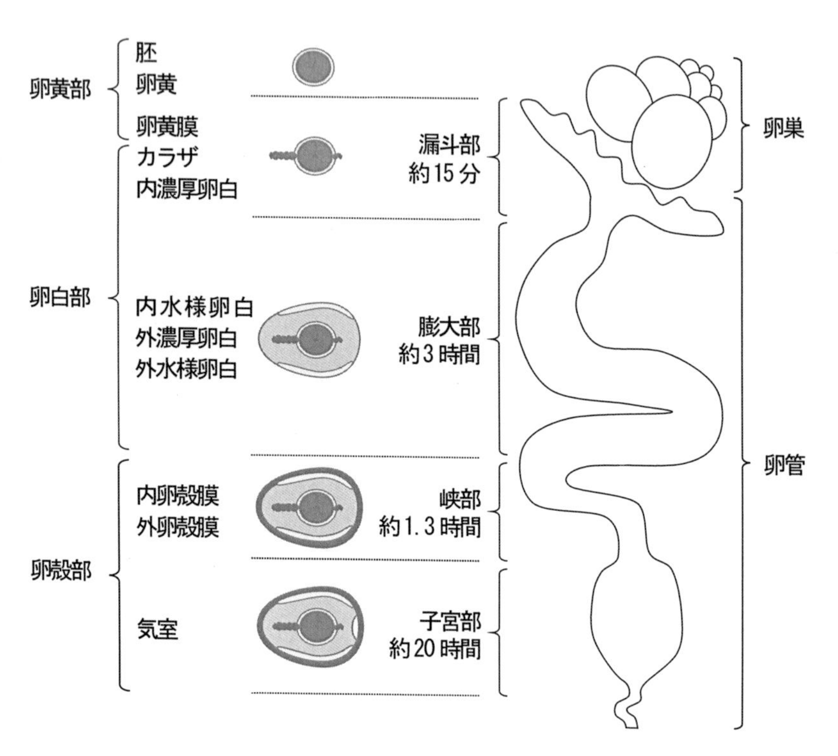

図4　卵形成の流れ

加齢に伴って増加する。一方、産卵率は産卵開始から1、2ヵ月は急上昇するが、それ以降徐々に低下していく。卵殻は大部分が炭酸カルシウムで構成されており、1個の卵（約60g）生産に5gのカルシウムが必要で、鶏体の全カルシウム含量の約20%に相当する。飼料として一般的に給与されているトウモロコシに含まれるキサントフィル類は、前項の鶏肉の色調に加え、卵黄色にも大きく影響する。

Work Sheet：生産機能

検印

11
生産物と利用

中川敏法

1. 乳

乳はウシ、ヤギ、ウマなど哺乳類の乳腺から分泌されるものであり、我が国における乳の生産はほとんどがウシから得られるもの（牛乳）である。牛乳には脂肪、タンパク質、糖質の三大栄養素がほぼ同量含まれている。

原料乳（生乳）は、色沢および組織、風味、比重、アルコール試験、乳脂肪分、酸度、細菌数の検査を経て市場に出される。

1）牛乳、加工乳、乳飲料

牛乳は生乳のみを原料として製造したもので、水や添加物を混ぜることは一切禁止されている。加工乳は生乳のほかに全粉乳、脱脂粉乳、濃縮乳、クリーム、無塩バターなどを加えて製造したものである。牛乳と加工乳は飲用乳と定義されている。乳飲料とは、牛乳由来以外の成分も使用したものであり、牛乳や加工乳と同様に液体ではあるが乳製品と定義されている。牛乳、加工乳、乳飲料にはそれぞれ乳等省令・公正競争規約により成分規格や衛生基準が定められている（表1）。

表1 牛乳・加工乳・乳飲料の定義と成分規格および衛生基準

	定義	乳脂肪分	無脂乳固形分	細菌数（1ml 中）
牛乳	飲用乳	3.0%以上	8.0%以上	5万以下
加工乳	飲用乳	—	8.0%以上	5万以下
乳飲料	乳製品	乳固形分3.0%以上	乳固形分3.0%以上	3万以下

牛乳および加工乳は、標準化、均質化、殺菌・冷却、充填・包装などの工程を経て冷却保存・出荷される。標準化とは、原料乳の乳成分の季節変動をなくすことや、脂肪率を目的に合わせるために、複数の原料乳を混合して調整することである。この調整を行わない牛乳は一般に“成分無調整”と表示されている。均質化とは、牛乳中の脂肪球の浮上や脂肪の凝集物の形成を防止する処理のことである。

2）ヨーグルト、発酵乳

国際規格ではヨーグルトとは、*Lactobacillus delbrueckii* subsp. *Bulgaricus* と *Streptococcus salivaricus* subsp. *Thermophilus* を用いて発酵させた乳のことを指し、それ以外の微生物による発酵の場合は発酵乳と呼ばれる。しかし、我が国の食品衛生法では、“ヨーグルト”と“発酵乳”が同意語として用いられている。ヨーグルト（発酵乳）は、プレーンヨーグルト、ハードヨーグルト、フルーツヨーグルト、ドリンクヨーグルト、フローズンヨーグルトに分類される。

3）チーズ

チーズはナチュラルチーズとプロセスチーズに分類される。ナチュラルチーズは、乳を乳酸菌で発酵させるか乳に酵素を加えて凝乳を作り、そこから乳清（ホエー）を除去して固形状にしたものである。また、プロセスチーズはナチュラルチーズを粉砕・加熱溶融し、乳化したものである。ナチュラルチーズの基本的な製造法は、①原料乳の殺菌・冷却、②スターター菌・塩化カルシウム・凝乳剤の添加、③凝乳物（カード）の切断・攪拌、④カードの回収・成形・圧搾、⑤加温・熟成である。

4）バター

バターは、原料乳（生乳）を遠心分離してクリームを作り、エージング（脂肪分の結晶化）、チャーニング（攪拌による脂肪球の凝集）、水洗、ワーキング（脱水したバター粒の練り合わせ）によって製造される。水洗とワーキングの間に食塩を加えれば加塩バターとなり、食塩を加えなければ無塩バターとなる。

5）その他

その他の乳製品として、濃縮乳や粉乳がある。濃縮乳は、生乳や脱脂乳などを濃縮したものであり、粉乳は、乳からほぼ全ての水分を除去して粉末状にしたものである。いずれも食用（菓子類・発酵乳・アイスクリームなど）、医療用、工業用、飼料用などに利用される。

6）牛乳の機能性

牛乳中には多くの機能性成分が含まれている。

ウシラクトフェリンは糖タンパク質の一種であり、鉄の吸収調節、抗菌、抗炎症、免疫賦活、細胞増殖促進など多くの機能性を有する。また、ペプシンによって分解されるとウシラクトフェリシンに変化し、強力な抗菌、抗ウイルス、抗がんなどの作用を示すことが知られている。

カゼインホスホペプチド（Casein phosphopeptide；CPP）は、カゼインの酵素分解によって得られる。CPPは、カルシウムの溶解性を高めるため、小腸でのカルシウムの吸収を促進するといわれている。

ラクトトリペプチドは、アンジオテンシン変換酵素（ACE）の阻害活性を有するペプチドとして単離・同定された。ACE阻害活性により血圧の急激な上昇が抑制されるため、血圧のコントロールに期待が持たれている。その他、モルヒネ様鎮痛作用を示すペプチドも数多く知られている。

2. 肉

食用肉にはウシ、ブタ、ニワトリ、ウマ、ヒツジ、シカ、イノシシなど多くの種類の家畜が世界的に用いられているが、我が国ではウシ、ブタ、ニワトリが主流である。

1）牛肉

一般的に牛肉には良質な動物性タンパク質やリン、ビタミン類を豊富に含んでいることから、栄養価の高い食肉とされている。牛肉は、他の食肉に比べ繊維が密で光沢があることから美味と評価される場合が多い。また、牛肉の風味や食感は、一般的にウシの年齢や性別、さらに部位によって異なる。我が国では、霜降り肉と呼ばれる筋間脂肪が多い牛肉が好まれる傾向にある。

2）豚肉

豚肉にはビタミン B_1 が多く含まれており、疲労回復や体内におけるエネルギーの変換効率向上に役立つとされる。ブタはウシに比べ可食部割合が高いのが特徴で、食用肉として優れている。また、ウシに比べ体脂肪組成は、飼料の影響を受けやすく、肉質や枝肉量などは特に飼養法によって左右される。我が国では三元豚（「2. 品種と育種・繁殖」の項を参照）と呼ばれるブタが食肉用として飼養されている。

3）鶏肉

鶏肉は、一般的に牛肉や豚肉に比べ脂肪が少なく、淡白である。また他の食肉に比べ脂肪燃焼作用のある機能性成分が多く含めており、そのような点からヘルシーな食用肉として広く用いられている。

肉用のニワトリは一般的にブロイラー、地鶏、銘柄鶏に分けられる。ブロイラーは一般的に食感が柔らかいという特徴を持つ。地鶏は、在来種純系か在来種を片親に使っていること、飼育期間が 80 日以上であること、孵化28日以降は10羽／㎡以下で平飼いされていること、といった規定が定められている。銘柄鶏は、地鶏のように明確な条件は設定されていないが、飼料や飼養期間などこだわって飼養された鶏のことであり、生産地の地域性を大きな特徴とし地域の活性化につながっている。

4）肉の加工

肉の加工品には、ハム、ソーセージ、ベーコン、生ハムなどがある。肉の加工品は見た目（色調）も重要であるため、製造する際には亜硝酸塩を添加してすることで加熱肉製品が持つ特有の桃赤色を固定させる。一般的な製造工程は、①塩漬、②充填、③くん煙、④加熱、⑤冷却・包装、である。

ハムはもともとブタのモモ肉を指す言葉であるが、現在はブタのロース肉からも製造されている。ブタのロース肉から製造されたハムをロースハム、モモ肉から製造されたハムをボンレスハムと呼ぶ。ソーセージとは、各種畜肉、家禽肉のひき肉を原料として製造したものである。充填の際に用いるケーシング（動物の腸や人工の袋を用いる）の種類やサイズによって名称が異なる。ウシの腸を用いたものをボロニアソーセージ、ブタの腸を用いたものをフランクフルトソーセージ、ヒツジの腸を用いたものをウィンナーソーセージと呼ぶ。ベーコンは、ブタのバラ肉を成形して製造したものである。肩肉を用いたショルダーベーコンや、ロース肉を用いたロースベーコンが多く製造されている。

5）肉の機能性

肉の機能性としては、疲労回復効果や脂肪燃焼効果があげられる。ジペプチドの一種であるカルノシン（β-アラニル-L-ヒスチジン）は抗酸化作用による疲労回復効果があるといわれている。また、L-カルニチン（β-ヒドロキシ-γ-トリメチルアミノ酪酸）には脂肪燃焼作用や疲労回復効果があるとされる。今後も様々なペプチド類や酵素分解物の機能性が明らかにされれば、畜産物の機能性食品としての位置付けは大きいものになると期待される。

3. 卵

1）卵の種類と加工品

我が国で生産される卵はほとんどがニワトリの卵（鶏卵）である。我が国では鶏卵は年間 250～260 万 t 生産されており、半分以上が殻付卵として一般の食卓にあがる。その他は外食用か加工用として出荷される。

卵の加工品にはドレッシング類や菓子類の原材料として殻から取り出しただけの一次加工品と、卵焼き類や菓子類などの二次加工品がある。二次加工品には、マヨネーズ、缶詰、ピータン、プリンなど多くの種類が存在する。

鶏卵以外の卵としては、ウズラ卵が多く生産されている。ウズラ卵は水煮缶詰やレトルトパウチとして販売されていることが多い。アヒル卵は菓子類やピータンとして利用されている。最近ではダチョウの卵も市販されていることがあり、成分組成は鶏卵と大差ないが大きさが鶏卵の 20～25 倍と大きく地方のイベント等で利用されることもある。

2）卵の機能性

鶏卵に含まれるリゾチームには、細菌の細胞壁の結合を切断して溶菌する作用（抗菌作用）がある。また、抗ウイルス活性や抗炎症作用も知られており、医薬品に利用されている。

卵白タンパク質の酵素分解物にも、牛乳と同様に多数の機能性が存在する。オボアルブミンについては研究例が多く、アンジオテンシン変換酵素（ACE）阻害活性などが報告されている。

3）インフルエンザワクチンの生産

従来、我が国のインフルエンザワクチンは鶏卵（有精卵）から生産されているが、ワクチンの効率的生産を目指してダチョウの卵から生産する試みも行われている。

4. その他（毛、革、羽）

1）毛皮・毛の利用

ヒツジやヤギなど家畜の毛皮や野生獣（テン、キツネなど）の毛皮は古くから衣類や防寒着の材料として利用されてきた。それぞれ動物特有の光沢や保温性があり、用途によって使い分けられてきた。ウマ、ヤギ、キツネなどの毛は筆や刷毛の材料として利用されてきた。

皮は皮下組織などを除去してから鞣し、衣類やバッグ、財布などの革製品として用いられる。

2）羽の利用

鳥類の正羽の下に生えている羽毛は柔らかく、布団や衣類の詰め物として利用され、羽毛布団やダウンジャケットとして利用されている。また、クジャクやキジなどの美しい羽は帽子の飾りや扇など装飾品としても利用されてきた。

Work Sheet : 生産物と利用

検印

12
畜産経営と畜産物の流通

平山奈央子

1. 畜産経営

畜産が生物生産であるという点で、工業経営とは以下の点で大きく異なる（表1）。

表1　工業経営と比較した場合の畜産経営

個体差が大きい	個体間の能力差が大きく、個体情報の把握が必要
季節性がある	飼料生産なども含め、季節の影響を受ける
作業が複雑	個体ごとの生理的状態に対応した作業が必要で単純化しづらい
稼働率の向上が難しい	24時間操業のような工業形式は当てはめられない
市場価格が安定しない	腐敗しやすい生産物が多く、在庫を多く貯蓄することが困難

畜産の経営形態は、畜産のみを経営する単一経営、畜産を中心とした農業経営する準単一経営、複数の作目からなる複合経営に大別され（図1）、近年の我が国の畜産経営では、大規模化では単一経営、小規模では準単一から複合経営になる傾向にある。

畜産

単一経営

準単一経営

複合経営

図1　我が国の主な畜産の経営形態

畜産経営の規模を表す尺度には、①農家規模：飼育頭羽数などの数量で表す。②事業規模：生産物の量や売上高など経営成果で表す。③資本規模：投入する資本の大きさで表す。これら規模と収益性の間には一定の関係があり、一般的に、経営規模の拡大に伴って平均費用は減少するが、一定の規模を超えると増加に転ずる。このように費用曲線はU字型を示し、平均費用が最低となる規模が最適規模となる。

一方で、所得の追求については主に、①販売単価の引き上げ、②コストダウン、③生産量の増大などの方法から実践されるが、これら3つの方策は相互に関係している（図2）。例えば、生産物の単価アップを目指し、和牛の長期肥育を行った場合、その生産コストが上昇することで期待した所得を得られないことがある。また、生産量拡大などにより規模を拡大した結果、投資の過剰に伴う借入金の増加、飼料費の増加などがあり、結果として期待した所得の上昇がみられない場合がある。

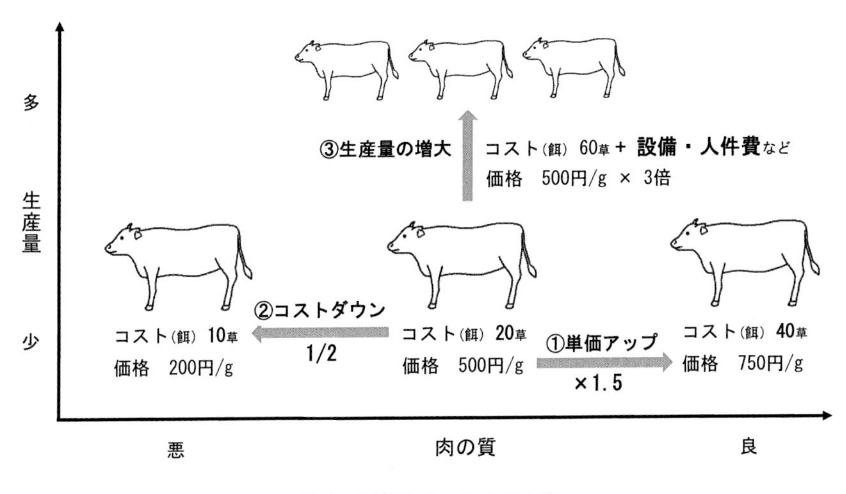

図2　所得追求のための方策

このようなことから、経営管理において、生産・作業管理、財務・資金管理、販売・購買管理などが重要となる。また、このような管理をするうえで、経営記録簿の作成が最も重要で、記録に基づいて収益性、原価および安全性などの分析し、経営方針の改善がなされる。また、生産技術面での分析も重要で、①家畜生産性、②投入・産出比率、③操業性、④労働生産性、⑤生産物の品質などについて分析し、経営に反映させる必要がある。

2. 畜産物の流通

畜産製品を生産者と消費者を結びつける流通活動では主に、①輸送、保管、包装や加工などの物的流通活動、②販売や購買代金の決済や契約などの商取引流通活動、③商品の規格、格付、市場情報などを扱う補助的活動が重要となる。近年では産地直送や直接販売などもあり、代金決済などの機能を簡略化した事例もある。

流通過程では、基本的に生産者と消費者の間に商品の流通を媒介する中間業者（卸、仲買、問屋など）があり、中間業者は主に①在庫機能、②配送機能、③金融機能、④危険負担機能、⑤販売機能、⑥情報機能などを担っている。

また畜産製品の価格は主に、①傾向変動、②周期変動、③季節変動、④日別変動、⑤不規則変動などによって、変動する。特に周期変動と季節変動は畜産の価格形成において重要で、周期変動は、生産者が生産量を調節することで引き起こされる。季節変動は、畜産物の生産が日照時間、気温、降水量などの季節的要因に大きく影響されることから起こるものである。また、畜産製品の価格は、規格や格付などによっても変動する。豚肉や牛肉の格付は、日本食肉格付協会で行われ、ブタでは極上、上、中、並、等外の５段階で格付され流通される。ウシでは歩留等級（A・B・C の３段階）および肉質等級（1～5 の５段階）の両方から格付され流通される。

Work Sheet : 畜産経営と畜産物の流通

検印

13
環境とふん尿処理

馬場保徳

1. 家畜と環境

16 世紀のヨーロッパの記録によると、積みあがった良質な家畜ふんは、庭先の飾り物と評されていた。我が国においても勤勉な農家のシンボルであり、肥料として歴史的に重宝されてきた。しかし、動物生産の加速的な成長に伴い畜産農家が増加すると、ふん尿処理に困る事態となり、河川への放流による水質汚濁、近隣への悪臭および騒音などが発生し、昭和 40 年代には畜産公害として社会問題となった。家畜飼養は、我々の生活に欠かすことのできないものであるが、飼養頭数が飛躍的に増えた今日では、ふん尿に起因する環境負荷にも目を向けなければならない。

ふん尿に起因する環境負荷は、悪臭・粉じんによる大気汚染、水質汚濁、アンモニア揮散による土壌の酸性化、地球温暖化（温室効果ガスの発生）に大別される。

1）悪臭・粉じんによる大気汚染

アンモニア、低級脂肪酸（プロピオン酸、酪酸、吉草酸など）および硫黄化合物（硫化水素、メチルメルカプタンなど）が畜産経営独特の臭気として発生する。

2）水質汚濁

ふん尿が屋根やコンクリート床を有する適切な施設で保管されない場合には、雨水にさらされることで窒素およびリンが、河川や湖沼に流入する。これが富栄養化を招き、藻類の異常繁殖を引き起こす。また、ふん尿堆積物中には硝酸態窒素が存在するが、これが地下水に流入した場合、その地下水を飲み水として使用する地域では、特に乳児に対して重篤な健康被害を及ぼす（ブルーベビー症候群）。

3）アンモニア揮散による土壌の酸性化

ふん尿中窒素の10〜30%は、アンモニアとして大気中に揮散される。揮散されたアンモニアは降雨とともに、土壌に降下し、土壌微生物の働きにより亜硝酸や硝酸を生じ（硝酸化成）、土壌を酸性化させる。結果的に土壌が酸性化することから、ふん尿由来の窒素化合物が「酸性雨の原因」と表現されることもある。

4）地球温暖化（温室効果ガス発生）

ふん尿を起源とする温室効果ガスとして、メタンおよび亜酸化窒素があげられる。最新の日本国温室効果インベントリ報告書 2019（環境省）によると、メタンは年間230 万トン CO_2 eq、亜酸化窒素は年間390 万トン CO_2 eq であり、合わせて我が国の温室効果ガス発生量の0.5%を占める。

このような環境負荷を及ぼす家畜ふん尿の排出量は、年間約 8000万トン（2018 年度畜産統計から推計）にのぼり、その他の代表的な有機性廃棄物である食品廃棄物（年間発生量約 2000 万トン）、林地残材（年間発生量約 400 万トン）に比べても非常に大きく、実に我が国の有機性廃棄物（バイオマス資源）の 1/4 を占める。これらは、作物の肥料となる窒素、リン、カリを含むため、ふん尿を肥料として有効利用することは、持続可能な作物生産に大きく寄与する。現在我が国で実施されているふん尿処理の詳細を次の項で述べる。

2. ふん尿処理

ふん尿の汚れは、生物化学的酸素要求量（Biochemical Oxgen Demand; BOD）で表現される。例えばこの指標を用いると、豚1頭が排せつするふん尿の汚れは、人間16人分に相当する（表1）。

表1　1日1頭あたりのふん尿排せつ量の比較

区分	ふん尿排せつ量（BOD-g）	対人比
ウシ	634	約42倍
ブタ	236	約16倍
ニワトリ	10	約0.7倍
ヒト	15	—

藤沼と野崎（1971）より試算

一般的な養豚経営では約3000頭の肥育豚を飼養しているため、約5万人の小都市の排せつ物処理に匹敵する負荷が1件の養豚経営に存在するといえる。そのため、適切な取り扱いをしなければ、悪臭の発生や、河川や地下水へ流出し水質汚染を招くなど、環境問題の発生源となりかねない。このような理由から、「家畜排せつ物の管理の適正化及び利用の促進に関する法律（家畜排せつ物法）」（平成16年11月本格施行）が定められ、これまで行われてきた家畜ふんの野積みや素掘り貯蔵といった、悪臭や地下水汚染を招く管理は禁止された。本法律施行後は、コンクリートなどの不浸透性素材の床の上に保管し、屋根や壁のような適切な覆いをすることが義務付けられ、悪臭や地下水汚染の防止が努められている。一方で、家畜ふん尿は、堆肥化など適切な処理を施すことで、土壌改良材や肥料となるため、農村地域における貴重な資源となり、有効利用が推奨されている。以下に、現在実施されているふん尿処理法を解説する。

1）乾燥処理

鶏ふんや豚ふんは、ビニールハウス内で天日乾燥され、肥料として利用される。また、一部の企業養鶏では火力乾燥機が用いられる。

2）堆肥化処理

家畜ふんに、オガクズなどを添加し水分を調整し（60〜65％程度）、切り返し（天地返し）や通気設備により酸素の供給を行うと、微生物の働きでふん中の残存有機物が分解される。これにより、土壌改良効果や肥料価値のある堆肥が生産される。堆肥の利点は、①生ふんや乾燥ふんを田畑に施用すると、ふん中の易分解性有機物が急激に分解される過程で、土壌中の酸素が消費され、嫌気状態となる。その結果、土壌中の嫌気性微生物により低級脂肪酸やフェノール性酸などの有害物質が生産され、発芽不良や生育障害を招くことになる。しかし、堆肥化によりあらかじめ、ふん中の易分解性有機物を分解しておくことで、生育障害を回避できる、②発酵熱によりふん中の病原菌、寄生虫卵および雑草種子を死滅させる、③これにより作業者にとって、安全かつ汚物感が軽減され取り扱いが便利になることがあげられる。

3）燃料利用

乾燥させた鶏ふんはボイラーにて燃焼させ、鶏舎の床暖房の熱源として利用されるほか発電利用もなされている。また、ニワトリ、ブタ、ウシの種類に関わらず家畜ふんをメタン発酵槽に投入すると、嫌気性微生物によりふん中の残存有機物からメタンガス（都市ガスの主成分）が生産され、燃焼利用や発電利用に用いられる。さらに、メタン発酵は密閉状態で発酵が進むため、臭気を周辺に漏らさないという利点もあげられる。また、メタン発酵後に残るメタン発酵消化液（残さ液）は、肥料成分を含むため作物の液体肥料として利用される。しかし、メタン発酵消化液の処理法が見出せない場所では、普及が難しい。

4）汚水処理

ふんを除いた後の液状部や畜舎洗浄水などの汚水は利用が難しく、浄化して放流せざるを得ない。現在では、好気性微生物を利用した活性汚泥法と散水ろ床法が実施されている。また、自治体によっては公共下水道への放流も認められている。

5）液状コンポスト処理

ふんを除いた後の液状部を曝気もしくは混合攪拌によって、好気発酵させたものを液状コンポストという。臭気がなくなり、圃場に施用しても作物の発芽障害などになる有害物質も分解されてなくなっており、安全な肥料として利用できる。

Work Sheet：環境とふん尿処理

検印

14
行動

平山琢二

1. 行動の種類

家畜の飼育環境の整備や家畜そのものの管理において、家畜の行動の理解は極めて重要なことである。家畜の行動は機能的に表 1 に示すように分類される。維持行動は、単独の個体で実施され、生存や生命

表1　家畜の機能的な適応戦略行動

適応戦略	行動特徴	適応的行動種別
維持行動	自身の生存に関する行動のうち、他者との関係を含まない行動	採食行動：採食、飲水、舐塩など 休息行動：立位、横臥、反芻など 排せつ行動：排ふん、排尿 護身行動：パンティング、日光浴、水浴、群がりなど 身繕い行動：身振い、舐める、掻くなど 探査行動：聴く、視る、噛む、嗅ぐ、触れるなど 個体遊戯行動：跳ね回るなど
社会行動	他者との関係を構築する行動	社会空間行動：個体距離保持、先導、追従など 社会的探査行動：聴く、視る、噛む、嗅ぐ、触れるなど 敵対行動：闘争、誇示、闘争、逃避、回避など 親和行動：接触、舐めるなど 社会的遊戯行動：模擬闘争、模擬乗駕など
生殖行動	増殖に関連する行動	性行動：尿嗅ぎ、フレーメン、リビドーなど 母子行動：授乳、母性的攻撃など
葛藤行動	適応戦略における失宜に伴う行動	転位行動：摂食、休息、反芻、噛む、舐めるなど 転嫁行動：吸引、柵かじり、攻撃など 真空行動：偽反芻など
異常行動	適応戦略の変更に伴う行動	常同行動：舌遊び、異物舐め、熊癖など 変則行動：犬座姿勢など 反応異常：無関心 異常生殖行動：授乳拒否、雄間乗駕など その他：飼料掻き上げなど

維持に直接関連する行動で、社会行動は、複数個体間でみられる行動で、畜群内の2頭ないしそれ以上の個体間でみられる反復性の高い行動である。異常行動には、目的もなく繰り返されるステレオタイプ行動が多く、動作の制約および飼養面積の不足、変化の乏しい飼養環境、不慣れな環境、フラストレーションおよび攻撃行動の多い環境、刺激因子の不足などによって引き起こされると考えられている。

行動（Behavior）とは、ある刺激が原因となってひとまとまりの動作が引き出されることで、ある一つの刺激に対して体のある部分が単一の動きをする反射と区別される。

1）行動の獲得

生まれた時にはすでに持っており、特に学習や経験を必要としない行動を生得的行動（Innate behavior）という。生まれた後に、獲得する行動を習得的行動（Learning behavior）といい、予測できなかった環境を経験することによって、動物が自らの反応に変更を加え、積極的に環境を改変しようとする適応のために獲得される行動である（慣れ、古典的条件づけ、道具的条件づけ、オペラント条件づけなど）。一般的に環境に対して適応するための習得的行動は比較的短時間で発現されるが、遺伝的適応である生得的行動の発現には長期間を要する。

2）行動の発現

行動の発現機序は、基本的に環境からの刺激が動物の感覚器に作用し、中枢において情報処理されることで、効果器にて発現される（図1）。外部環境の様々な刺激に対し感覚器を経て、その情報が中枢で処理されることで、効果器によって四肢の動き、首振り、尾振り、鳴き声などの行動として発現される。また内部環境の刺激についても神経系やホルモン系などによって中枢が活性化され、生理学的に行動が発現される。

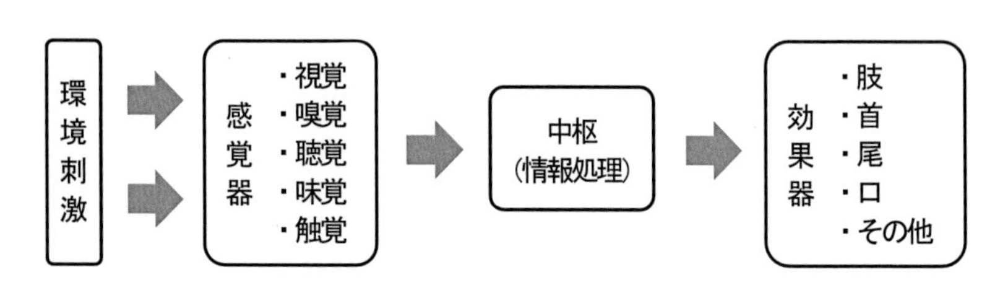

図1　行動の発現機序

2. 行動の利用

1）採食行動

子牛は、母乳を通じて母親が摂取した飼料の臭いや味を経験し、母親と同じ飼料を摂食することによって食性を身につける（社会的学習）。若齢牛は新たな食習慣を容易に形成することができる（飼料の刷り込み）。また、反芻動物の消化生理機能は離乳によって大きく変わり、これによって全く新たな食習慣ができる。

2）誘導

ウシの左右視野角は330度とヒト（200度）よりも広いが、上下視野角は約60度とヒト（140度）よりも狭いため、足元に不安要素があると、そこを通過しようとしない。ウシの移動誘導では、頭絡に引き綱を装着し前方から引いて誘導する。引き綱は強く引かず常に張った状態を維持するのみで、ウシが自発的に1歩前に出ることで引き綱の緊張が緩み、それがウシへの正の強化刺激となることで、ヒトへの追従行動として学習させる。そのため、幼齢期からヒトとの社会化の中で、引き綱を装着しての移動に慣らしておくことが重要である。

Work Sheet：行動

検印

家畜生産学入門

2020年3月1日　第1刷発行
2021年3月10日　第2刷発行

編著者 ……… 平山琢二　須田義人
発行者 ……… 能登健太朗
発行所 ……… 能登印刷出版部
〒920-0855 金沢市武蔵町7番10号
TEL 076-222-4595　FAX 076-233-2559
URL https://www.notoinsatu.co.jp/
印刷・製本… 能登印刷株式会社